新しい植物分類体系

APGでみる日本の植物

伊藤元己
井鷺裕司 著

文一総合出版

目次

目次

Chapter I 植物図鑑の配列が変わった！

Chapter 2 APG分類体系で変わった！被子植物の科

27

Chapter 3 APG体系の目《もく》で見る植物進化

Chapter 4

APG系統樹を使ってみよう

Chapter

I

植物図鑑の配列が変わった！

近年出版された植物図鑑で、
科の配列が変わっているのに
お気づきの方も多いだろう。
それはなぜなのか?
理由を見ていこう。

二一世紀に入ってから、日本の植物図鑑が変化し始めたことに気づいた方もおいでだろう。これまで慣れ親しんできた科に所属していた植物が、何やらこれまで聞いたことのない科名に変わってしまっているとか、別のよく知っている科に移動しているということに出会っていると思う。このように被子植物の所属科名が変更されてきている大きな原因は、APGと呼ばれる分類体系が生物学界で標準分類体系として使用され始めたためである。例えば、DNA塩基配列の国際的なデータベースの「ジーンバンク(GenBank)」や、全生物の百科事典を目指す国際プロジェクトの「エンサイクロペディア・オブ・ライフ(Encyclopedia of Life)」なども、APG分類体系を採用している。また、インターネット上で集合知として編纂されている「ウィキペディア」も、基本的にはAPG体系が使用されている。このように、植物の分類では、国際的にみると、多くの場面ですでにAPG体系へ舵が切られているのである。

なぜ、このように被子植物の分類体系が大きく変えられたのであろうか。その大きな理由は、DNA塩基配列を用いた分子系統学的手法が普及し、詳しい被子植物の系統関係を解析することが可能になったことである。植物の系統学分野では、一九八〇年頃よりDNA塩基配列に基づいた系統関係の研究が急速に進展してきた。その結果の集大成は、複数遺伝子を用いた被子植物の系統樹として発表された。この分子系統学的解析による結果は、従来使用されてきた分類体系と合わないところが随所で見つかり、新たに分かってきた系統関係に基づいた分類体系の構築が求められた。APG分類体系は、そのような要請により作られた、国際プロジェクトである被子植物系統研究グループ(Angiosperm Phylogeny Group、略称APG)によって、新たに構築された分子系統樹に基づくように、被子植物の科を編成し直した新分類体系なのである。

被子植物と同様に、裸子植物の系統関係も分子系統学的に解析されて、それに基づいた分類体系も発表されているが、被子植物ほどの科の枠組みの変更はない。

生物の分類

私達のまわりの多様な生物には、それぞれ名前がつけられているが、生物の名前とはどのようにして決められているのだろうか。私たちが普段の生活で使っている生物の名前の多くは、慣用名である。日常の会話では、たとえば桜や菊といった名前を使っても、言い表したい生物のことを伝えるのに不自由はそれほどない。しかし、科学的議論において生物名を用いる場合には、このような慣用名は混乱を引き起こすこともある。たとえば、生物学的に見て、桜という名前の植物の種は存在していない。「桜」は、実際には複数の種の集合を指しているものだ。名前による生物学の情報伝達時の混乱を避け、生物種を正確に伝えるために、現在では国際的に決められた学名が用いられている。日本で使われる慣用生物名（標準的な生物名）は和名と呼ばれている。

現在使われている学名は、一八世紀スウェーデンの博物学者、リンネ（1707〜1778）によって確立されて今日まで使われている「二名法」と呼ばれるものである。二名法では、生物種の名前は二つの語で構成されている。初めの部分は種が属する属《ぞく》（genus《ジーナス》、複数形はgenera《ジェネラ》）名で、二番目の部分は、その種を指し示す種小名《しゅしょうめい》（species《スピーシズ》 epithet《エピセット》）である。このような名前のつけ方がされているため、学名を見れば同じ仲間（属）に含まれる種であるかどうかが容易に判断できる（図1）。

図1　二名法

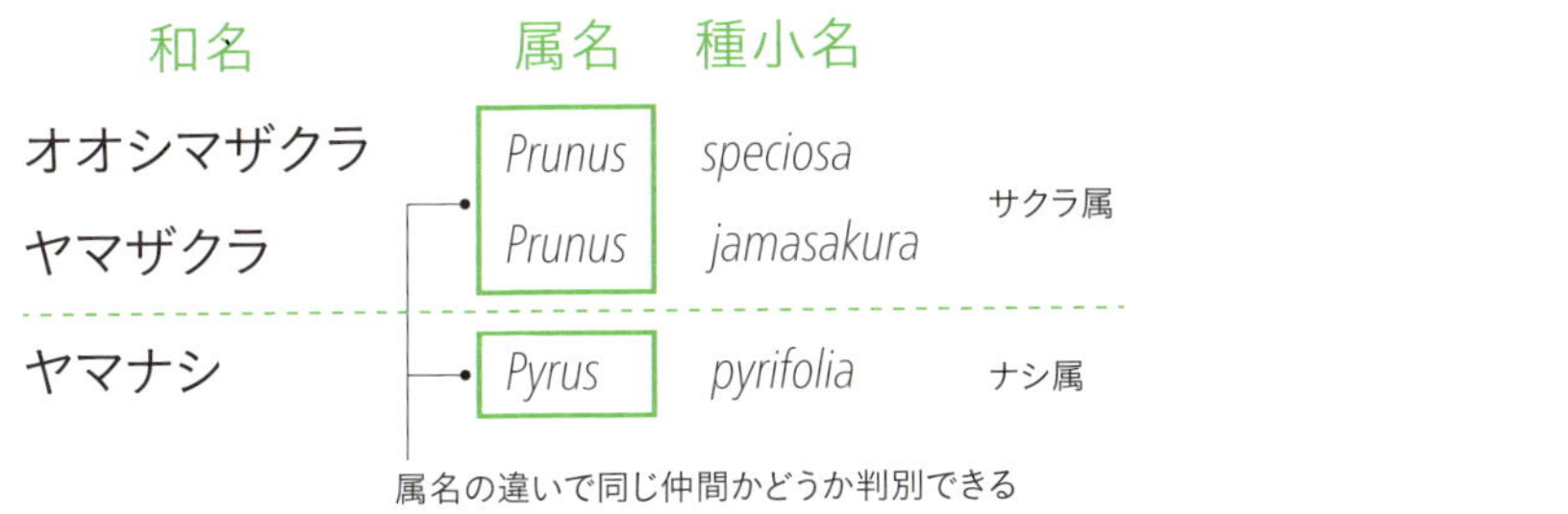

分類体系とは

二名法による種の命名に加えて、リンネは生物を階層的に分類する仕組みを採用した。階層的分類とは、類似した種をまとめて属とし、さらに似通った属をまとめて科《か》というように、より大きなまとまりへと整理していく分類方法である。階層的分類が採用される前は、「下等」な生物からより「高等」な生物へというように、直線的に生物が並べられていた。しかし、人間の認知能力では、このような直線的な配列は覚えることは困難で、より理解しやすい階層的な分類が採用されるようになった。このような階層的分類は、都道府県、市、町名、番地、アパート名、部屋番号というように住所で人を特定する方式と同じで、私たちにとって実用性の高いものである。

生物の階層的分類において、最初の二階層（種と属）は二名法の中に組み込まれている。すなわち、近縁な生物は同じ属に分類され、二名法の最初の単語を共有する。たとえばカントウタンポポ（*Taraxacum platycarpum*）は、カンサイタンポポ（*Taraxacum japonicum*）、シロバナタンポポ（*Taraxacum albidum*）などが所属するタンポポ属（*Taraxacum*）に分類される。このような整理の体系を「分類体系」と呼

図2　**階層的分類とは**

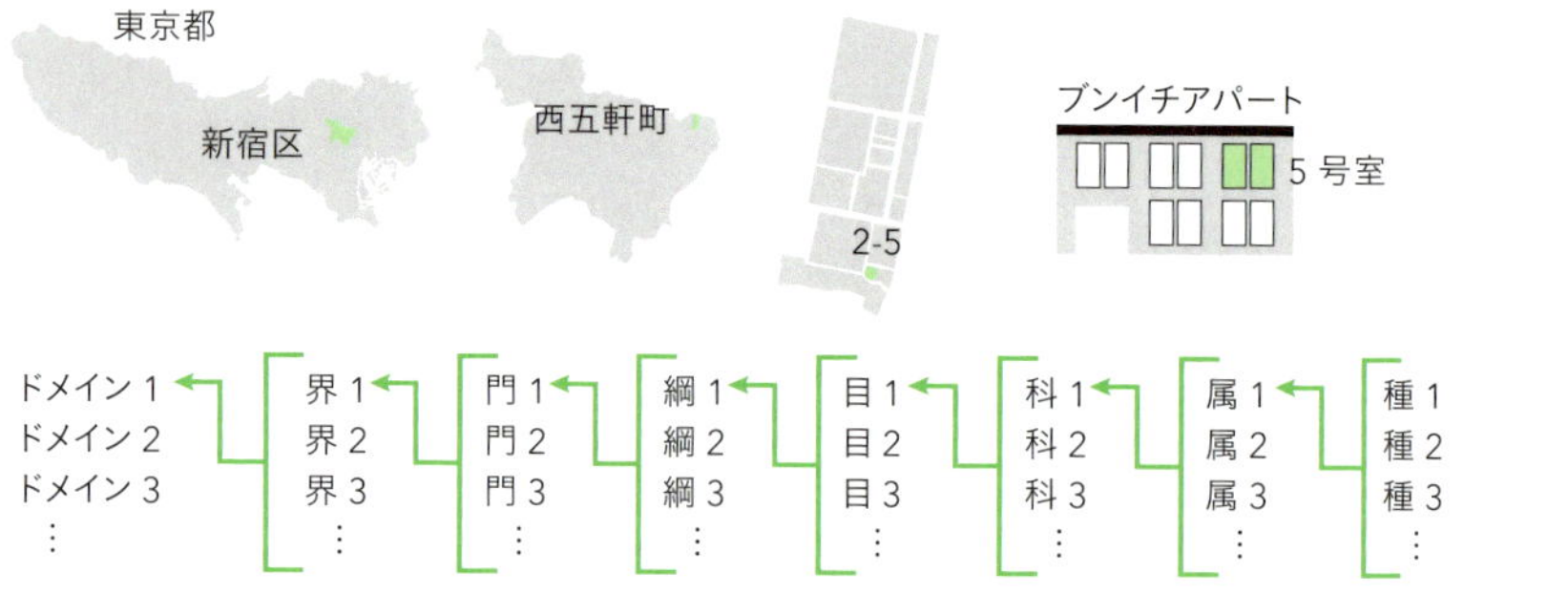

ぶ。

分類体系では、属を科（family《ファミリー》）に、科を目《もく》（order《オーダー》）に、目を綱《こう》（class《クラス》）に、綱を門《もん》（division《ディビジョン》）に、門を界《かい》（phylum《ファイラム》）に、そして最近では界をドメインにまとめる階層構造が採用されている（図2）。先ほどのタンポポ属 *Taraxacum* は属レベルの分類群であり、より高次のキク科（Asteraceae）に分類される。科より上の階層ランクは、一般的にはあまり注意を引いてこなかった。しかし、生物の進化を考えたりするときには重要である。甲虫というとカブトムシやクワガタの仲間とすぐに思い浮かぶ。この甲虫類というのが目にあたる分類群、コウチュウ目となっている。このように、チョウやガの仲間の鱗《りん》翅《し》類はチョウ目、ハチやアリの仲間の膜翅《まくし》類はハチ目に分類されるなど、私達が昆虫類を大きく分ける単位が目に当たる分類群となっている。目の分類は、系統関係が明らかになることにより大きく変えられることがある。第3章で述べるように、APG分類体系では、目の分類も従来のクロンキストや新エングラーの分類体系と大きく変わっている。被子植物においても、目のレベルの分類群にもう少し眼を向けておいた方がよいだろう。

一般的には、目より上の分類階層は、界を除いてあまり眼に触れることがないかもしれない。界はもちろん、動物と植物（そして菌類）を区別する

表1　分類体系による上位の分類階級の違い

分類体系	門	綱	亜綱
新エングラー体系	種子植物門	裸子植物綱	
		双子葉植物綱	古生花被植物亜綱
			合弁花亜綱（後生花被植物亜綱）
		単子葉植物綱	
クロンキスト体系	種子植物門	裸子植物綱	
		被子植物綱	双子葉植物亜綱
			単子葉植物亜綱
APG体系	維管束植物門	種子植物綱	裸子植物亜綱
			被子植物亜綱

分類学的階層である。目の上の階層である綱も分類体系により異なっている。新エングラー体系では双子葉植物と単子葉植物がそれぞれ独立の綱、双子葉植物綱と単子葉植物綱にされている。これに対しクロンキスト体系では被子植物全体が一つの綱で、双子葉植物と単子葉植物は、それぞれ綱と目の間のランクである亜綱に分類されている。APG体系では、被子植物は亜綱とされ、裸子植物のイチョウ類、ソテツ類、球果類、グネツム類と同等のランクとされている（表1）。

自然分類という考え方

このように、生物の分類は類似した仲間の集合を作っていく作業である。それでは、なぜ系統関係を反映する分類体系が必要なのであろうか。その理由はいくつかある。第一に、ダーウィン（1809〜1882）の『種の起源』以降、生物進化が一般的に受け入れられ、可能な限り進化の道筋——すなわち系統を反映した分類体系が望まれてきたということがある。そのため、できるだけ系統関係に忠実な、いわゆる「自然分類」の構築が分類学者の中で大勢を占めるようになってきた。現在の生物の分類体系は階層的構造になっているため、一つの生物種

は、界、門、綱、目、科、属、種においてその所属が決められる。それぞれの階層の下には亜をつけて細分化した中間階層が用いられることがあるが、基本的には数が限られた構造に入れるため、系統関係を完全に反映させることは困難である。そのため完璧に系統進化を再現するような分類体系は実用的ではないのであるが、現在まで、多くの分類学者はこのような方向で分類体系を構築している。

次に、一般的に近縁な生物は似た性質を持っているということがある。もし、系統的に離れていると考えられる別々の科の生物が似た特徴を持っているとすると、それぞれ独立にその性質を獲得した、すなわち平行進化が起きたと考えるのが普通である。しかし、その科の分類が実際の系統と合っていなくて、両者が本当は近縁な場合は、その性質は共通祖先で一回進化した、すなわち相同であると考えるのが妥当である。この両者を区別することは、生物の適応進化を考えるうえで重要である。

系統と系統樹

生物のたどってきた進化の道筋を「系統」と呼ぶ。前項で述べたように、自然分類の考え方に基づく分類体系は、実際の系統を反映することを目指して作られてきた。生物が種分化をするときには、新しい種が生じて二分岐する。この様子は木が枝分かれするのに似ている。そのため、系統を図示すると樹木のような形になる。このような樹形図を「系統樹」という。図3はヘッケル（1834～1919）が一九世紀後半に描いた全生物の系統樹である。この本では、被子植物全体、目内の科、科内の属といった、いろいろな段階の系統樹が登場する。系統樹があ

図3　ヘッケルの系統樹

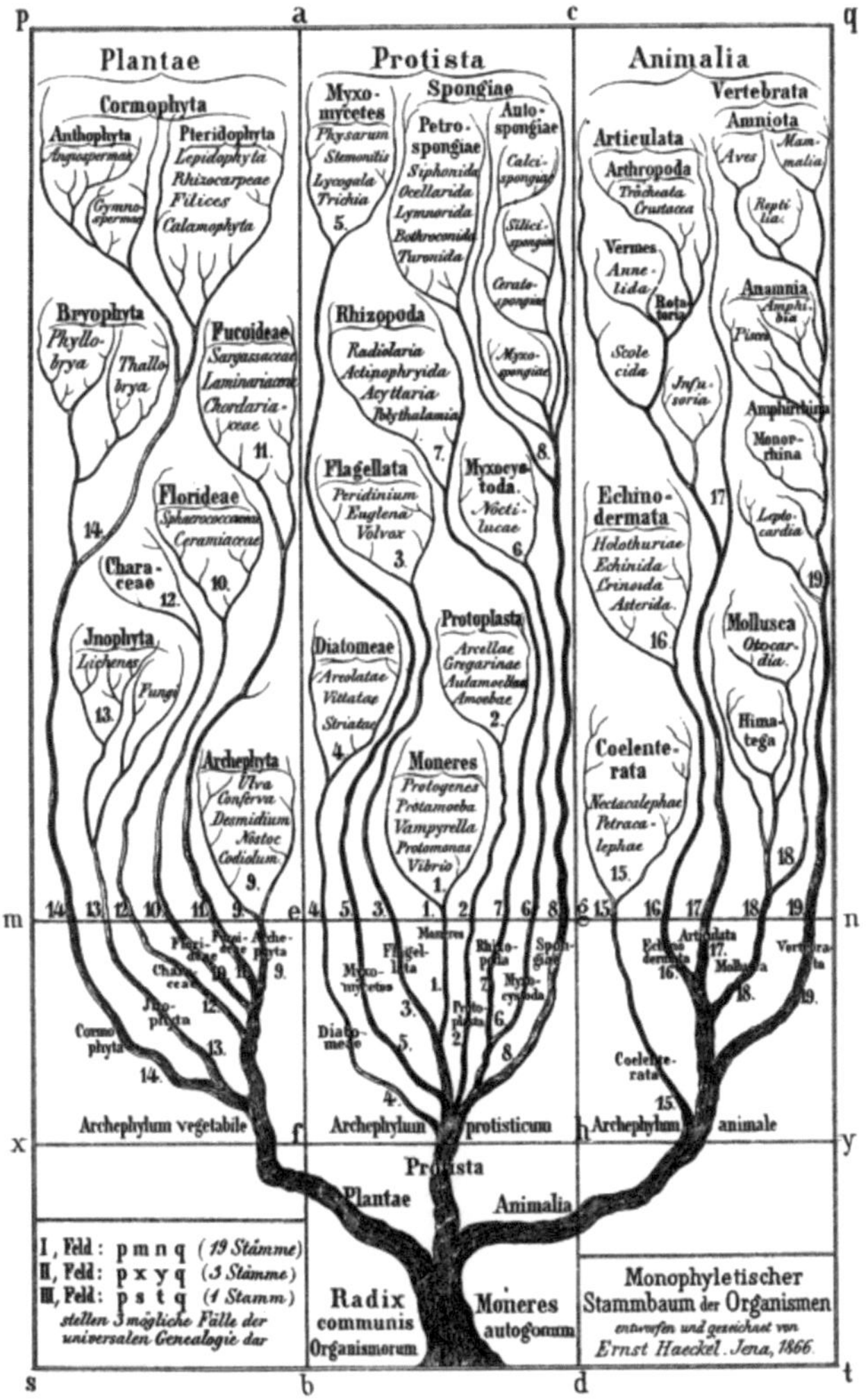

れば、目どうし、科どうしといった分類群間の関係を一目で把握することができる。まず、系統樹の見方と、関連する用語を紹介しておこう。

図４は、二二ページに示す被子植物の系統樹（図10）を縮小したものだ。まず、この図の左上から右下に向かっ

図4　**系統樹の見方**

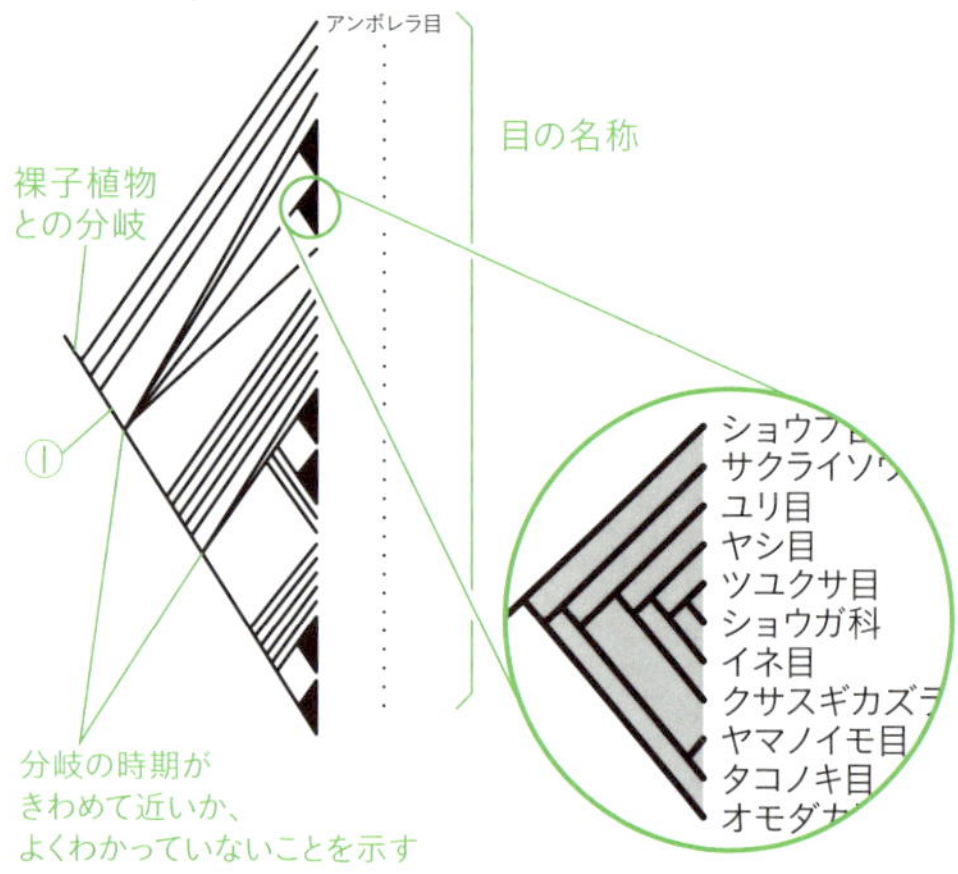

図5　**単系統群**

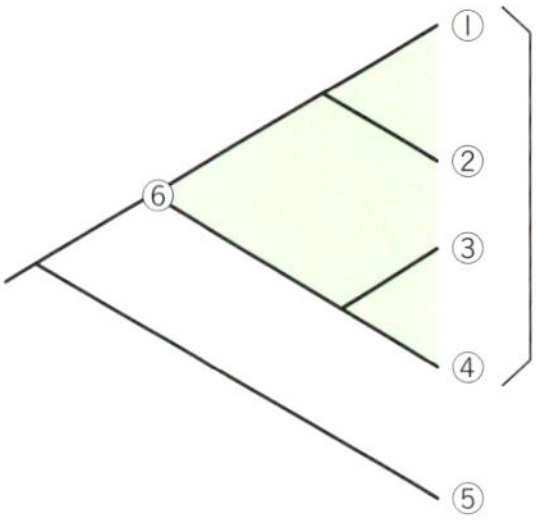

図6　**側系統群**

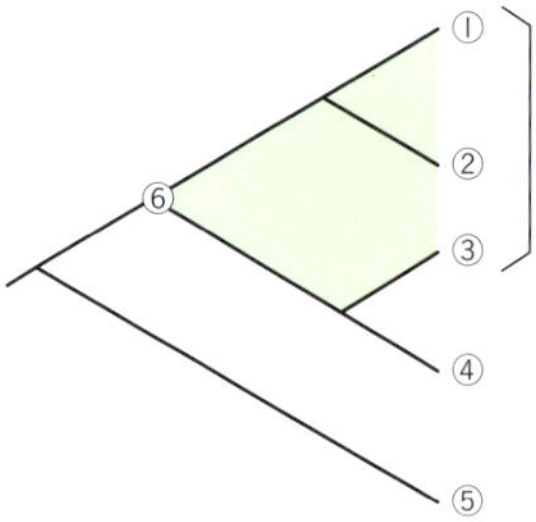

て伸びる線（①）は、植物がこの線に沿って分化してきたことを示している。左に近いほど古く、右に行くほど現代に近い。この線を左上にたどって（＝過去に遡って）いけば、現生の裸子植物と枝分かれした部分に至る。

①から右上に伸びていくのは、右端に示した目がどの段階で分かれたかを示す線だ。それぞれの枝の右端にいるのが現生の生物だ。あとで述べるように、被子植物全体で最初に分かれたのはアンボレラ目なので、いちばん左側で枝分かれしている。

それぞれの枝は一つの目、あるいは複数の系統的に近い目となっている。底辺を右に向けた黒い三角形は、ここに複数の目が含まれていることを示している。この三角形に含まれる目は、「単系統群」、あるいは「クレード」である。単系統群とは、「祖先種とそのすべての子孫種で構成され

図7 姉妹群

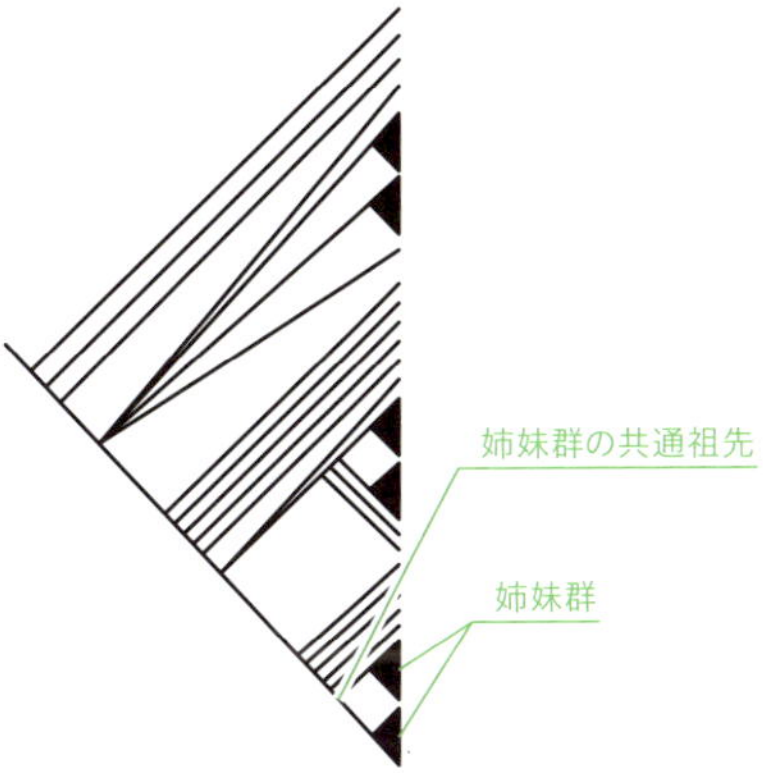

図8 系統樹の見た目と意味

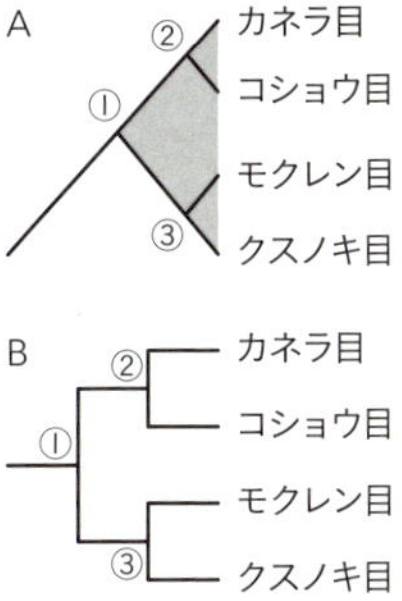

見た目の形は違うが、意味する内容は同じ。
①カネラ目・コショウ目とクスノキ目・モクレン目の枝が分岐
②カネラ目とコショウ目が分岐
③クスノキ目とモクレン目が分岐
②の祖先を共有するカネラ目とコショウ目は姉妹群
③の祖先を共有するクスノキ目とモクレン目は姉妹群
①を共通祖先とする4目は単系統群

るグループ」を指す。たとえば、図5の系統樹では①〜④はいちばん近い共通祖先⑥から分かれたすべての種を含んでいるので「単系統群」といえる。一方、図6に示すように、①〜④のどれかが含まれない場合は「側系統群」となる。二二ページの系統樹にある「キキョウ類」という単系統群はモチノキ目、エスカロニア目、マツムシソウ目、パラクリフィア目、セリ目、ブルキア目、キク目の七目からなるが、このうち日本に分布していないからといって三目を除いたら、それ以外からなる群は「側系統群」となる。第2章で紹介するように、単系統群であるかどうかは、APG体系では科や目の範囲を検討する際に重視されている。

また、興味の対象になっている群と直近に祖先種を共有した群は「姉妹群」と呼ばれる(図7)。二二ページの系統樹では、シソ類とキキョウ類が姉妹群のわかりやすい例である。

系統樹の描き方は決まりがあるわけではなく、目的に

よってさまざまな形が使われている（図8）。例えばAでは斜めの線で系統樹が描かれているが、Bのように縦線と横線で描かれることもある（B）。また、左から右へと系統が分かれるように描かれているが、下から上（まれに上から下）へと分かれるように系統樹が描かれることもある。形が違っていても、同じ系統関係を示している場合には、枝分かれの順序は同じである。系統樹を見るときにはこの点に注意しよう。

最も原始的な被子植物は何か？

一九世紀から、「最も原始的な被子植物は何か？」という疑問に対して、盛んに議論が行われ、さまざまな仮説が立てられてきた。その仮説を踏まえて、被子植物の分類体系はいくつも提唱されてきている。これまで日本でよく使われてきたのは、ドイツのエングラー（1844～1930）によるる体系を改訂した新エングラー体系か、アメリカのクロンキスト（1919～1992）の体系である。

被子植物の進化に関する一つの仮説は、花の構造が単純なものから複雑化していったというものであり、エングラーの分類体系はこの説を採用して科が配列されている。もう一つの仮説は、長く伸びた軸の上に萼《がく》、花弁、雄しべ、雌しべといった花の器官が多数、螺旋《らせん》状に並んでいる花が原始的である

表2　新エングラー体系とクロンキスト体系の科の違い

新エングラー体系	クロンキスト体系
クワ科	ニレ科 クワ科
ブナ科	ブナ科 ナンキョクブナ科
イチヤクソウ科	イチヤクソウ科 シャクジョウソウ科
ヤドリギ科	ヤドリギ科 オオバヤドリギ科
ヒルガオ科	ヒルガオ科 ネナシカズラ科
ヒルムシロ科	ヒルムシロ科 カワツルモ科 アマモ科 ポシドニア科
イトクズモ科	イトクズモ科 シオニラ科

図9 新エングラー分類体系の被子植物門

▶ 被子植物門 Angiospermae

▶ 双子葉植物綱 Dicotyledoneae

古生花被植物亜綱 Archichlamydeae
- モクマオウ目 Casuarinales
- クルミ目 Juglandales
- ヤナギ目 Salicales
- ブナ目 Fagales
- イラクサ目 Urticales
- ヤマモガシ目 Proteales
- ビャクダン目 Santalales
- ツチトリモチ目 Balanophorales
- タデ目 Polygonales
- アカザ目 Centrospermae
- サボテン目 Cactales
- モクレン目 Magnoliales
- キンポウゲ目 Ranunculales
- コショウ目 Piperales
- ウマノスズクサ目 Aristolochiales
- オトギリソウ目 Guttiferales
- サラセニア目 Sarraceniales
- ケシ目 Papaverales
- バラ目 Rosales
- カワゴケソウ目 Podostemales
- フウロソウ目 Geraniales
- ミカン目 Rutales
- ムクロジ目 Sapindales
- ニシキギ目 Celastrales
- クロウメモドキ目 Rhamnales
- アオイ目 Malvales
- ジンチョウゲ目 Thymelaeales
- スミレ目 Violales
- ウリ目 Cucurbitales
- フトモモ目 Myrtiflorae
- セリ目 Umbelliflorae

合弁花植物亜綱（後生花被植物亜綱）
- イワウメ目 Diapensiales
- ツツジ目 Ericales
- サクラソウ目 Primulales
- イソマツ目 Plumbaginales
- カキノキ目 Ebenales
- モクセイ目 Oleales
- リンドウ目 Gentianales
- シソ目 Tubiflorae
- オオバコ目 Plantaginales
- マツムシソウ目 Dipsacales
- キキョウ目 Campanulales

▶ 単子葉植物綱 Monocotyledoneae
- イバラモ目 Helobiae
- ホンゴウソウ目 Triuridales
- ユリ目 Liliiflorae
- イグサ目 Juncales
- パイナップル目 Bromeliales
- ツユクサ目 Commelinales
- イネ目 Graminales
- ヤシ目 Principes
- パナマソウ目 Synanthae
- サトイモ目 Spathiflorae
- タコノキ目 Pandanales
- カヤツリグサ目 Cyperales
- ショウガ目 Scitamineae
- ラン目 Microspermae

という仮説である。これは、花が茎と葉が変形して生じたという考えから出てきている。この説に基づいて作られているのが、クロンキストの分類体系である。クロンキストの体系では、モクレンやキンポウゲなどの、いわゆる多心皮類が初めの方に出てくる。科の配列を見ると、新エングラーの体系はモクマオウ科から始まり、クロンキスト体系はシキミモドキ科から始まるが、各植物種の属する科についてはそれほど大きな違いはない（表2参照。もちろん科を細分することはあるが）。

一九八〇年代から盛んに行われたDNAの塩基配列情報による被子植物の系統解明の結果として、現生被子植物の進化の歴史の概要がわかってきた。これにもとづいてつくられたのがAPG体系である。

APG分類体系と分子系統樹

分子系統解析による新たな情報を踏まえて構築されたAPG分類体系の初版APGⅠ《ワン》は、一九八八年に公表された。APGⅠでは、分子系統学的研究の成果を取り入れ、基本的に単系統群について目や科の名称を与えている。そのため、多くの目や科の定義が従来の分類体系から大きく変更され、科などの名称も変更されたものが多く、実際に新分類体系として用いるには不便であった。その後、従来の分類体系との整合性に重点を置くとともに新しい知見を加え、二〇〇三年に改訂版が公表された。しかしこのAPGⅡ《ツー》では、いくつかの科の範囲の決定を使用者にゆだねる箇所があるなど、まだ完成版には至っていなかったが、二〇〇九年にはAPGⅢ《スリー》が公表され、APGⅡの欠点を修正した体系が示された。この体系には、現生被子植物の進化の歴史の概要が示されていると言える。

図10 被子植物の分子系統解析に基づく系統樹とAPG分類体系の目

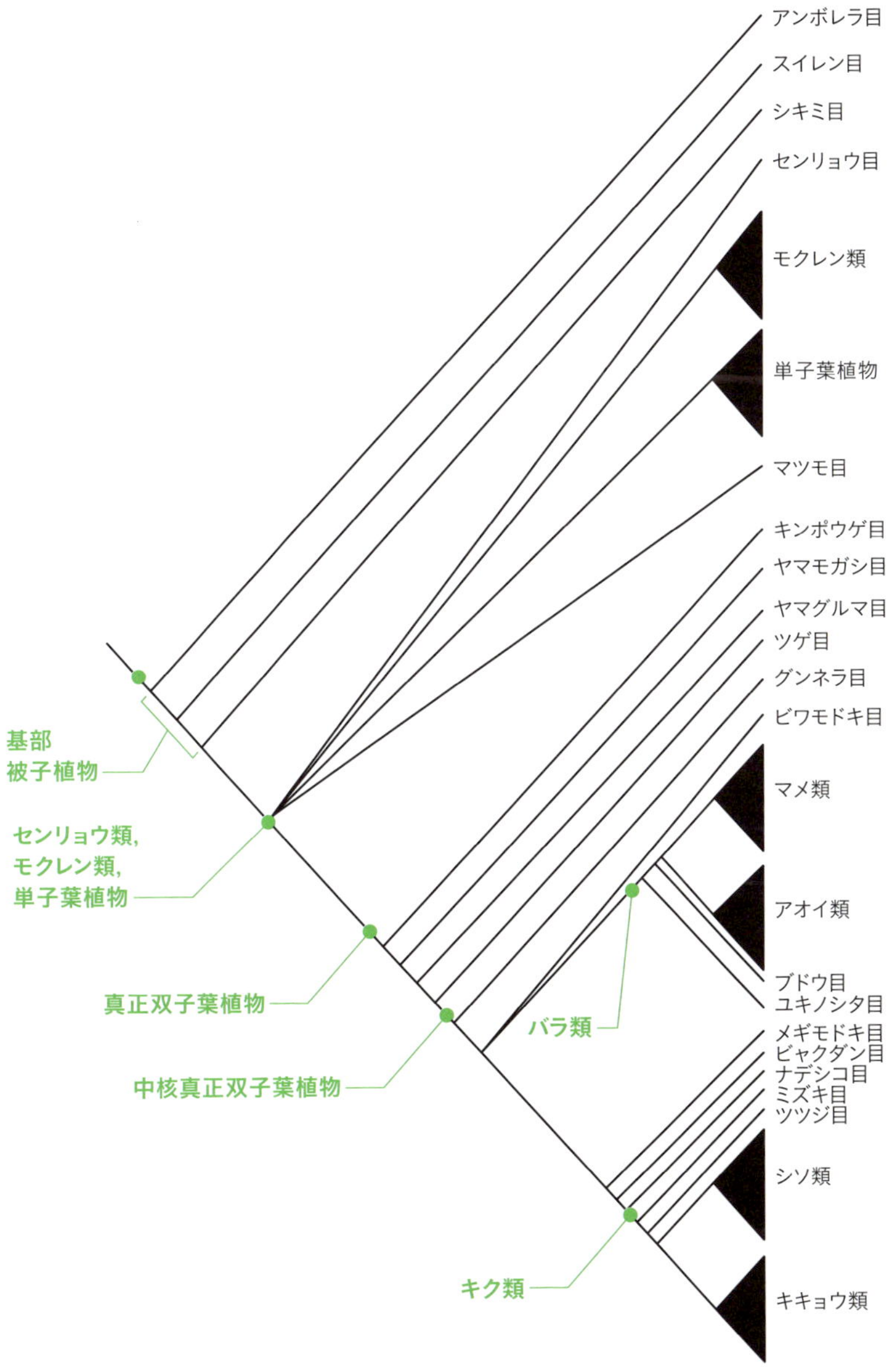

二〇一五年になって、ＡＰＧ分類体系の改訂版であるＡＰＧⅣ《フォー》が出版された。この新版はＡＰＧⅢ以降に明らかになった系統関係を反映させたものであり、いくつかの所属不明であった植物の属の位置を確定させた。その詳細については後述する。

ＡＰＧ体系の基となった被子植物全体での分子系統解析により、次の二点が新たにわかってきた。まず、被子植物の系統樹の根本付近で分化しているいくつかの植物群が同定された。これらは「基部被子植物」と総称されている。図10の系統樹の中部付近から分岐する、双子葉植物の大部分を含む、大きな系統的まとまりがあることがわかり、「真正双子葉類」と名付けられた。この間に、分岐の順序はまだ良くわかっていないが、従来比較的原始的な花の構造を持つとされてきた双子葉植物の仲間と、単子葉植物が分岐している。これは、双子葉植物と単子葉植物は被子植物の進化の初期に分かれたものではなく、双子葉植物の進化の過程で単子葉植物が誕生してきたことを意味している。

基部被子植物

分子系統学的解析により同定された現生被子植物の中で最初に分かれた植物であるアンボレラは、南太平洋上にあるニューカレドニア島の固有種であり、アンボレラ科に属する一科一属一種の低木あるいはつる性の植物である。アンボレラは道管を持たないなど被子植物として原始的な特徴を持つため、昔から注目されていた。しかし、雌雄異株で、花は比較的小型であるなど、特殊化した特徴も併せ持っている。系統解析では、もう二つの群、すなわちスイレン目とシキミ目の系統がアンボレラの後に続いて分かれてきた植物群として同定された。アンボレラに

次ぐ分岐はスイレンの仲間である。シキミ群はマツブサ科（Schisandraceae）、トリメリア科（Trimeriaceae）、アウストロバイレア科（Austrobaileyaceae）をまとめた群で、これらの科の名前の頭文字をとりITAと呼ばれる（Iはシキミ属 *Illicium* の頭文字）。この中で日本に産するのはマツブサ科のみである。これらにアンボレラとスイレン類を加えた基部被子植物はANITA《アニータ》とも呼ばれている（ITAにアンボレラ科 *Amborellaceae* とスイレン科 *Nymphaeaceae* の頭文字を加えたもの）。

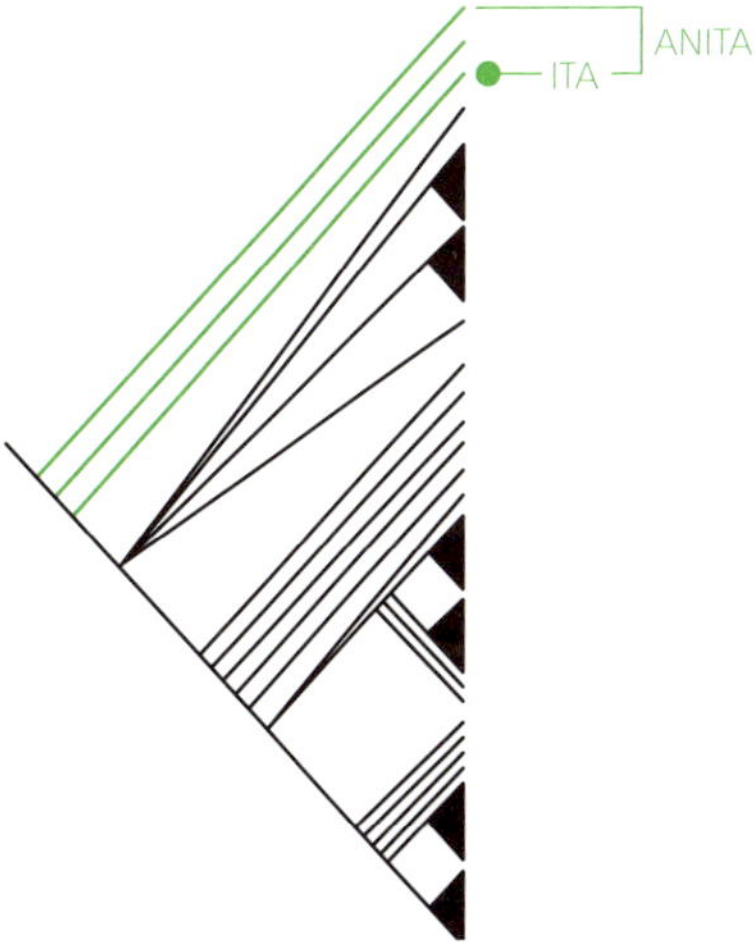

モクレン類、センリョウ類と単子葉植物

基部被子植物の後に分化してきた植物群が、モクレン類（モクレン目、クスノキ目、カネラ目、コショウ目）、センリョウ類（センリョウ目）と単子葉植物である。この三群の分岐順序は十分には明らかになっていない。

モクレン類は、モクレン科やクスノキ科、コショウ科を含む植物群で、モクレンのように花の器官が螺旋状に多数つく、比較的大型の花を持つ植物から、コショウなどの小型で萼や花弁などを持たないものまで多様である。

センリョウ類は、小型で少数の雄しべと雌しべしかない花を持ち、最も原始的な花の候補の一つであった植物群である。モクレン類の中でもコショウ科のように小型で単純な花を持つ植物はあるが、センリョウ類とコショウ科とは直接的な類縁関係はない。

　単子葉植物は、従来の被子植物の分類体系では、双子葉植物と並列されるようになっていた。しかし、被子植物の系統関係の概要が明らかになると、予想どおり、被子植物の基部で二つに分かれたのではなく、双子葉植物の進化の過程で、基部被子植物（双子葉植物に相当する）が分かれた後に分化してきた植物群であることが明らかになってきた。現生の単子葉植物では、ショウブの仲間が最初に分化した群である（七八ページを参照）。

真正双子葉類

　基部被子植物とモクレン群、センリョウ類を除いた双子葉植物は単一の系統群をつくることが明らかになって、これらは真正双子葉植物と呼ばれている。

　真正双子葉植物内の系統もよくわかってきていて、真正双子葉植物の基部で分岐したいくつかの植物群（キンポウゲ科を初めとする基部双子葉植物）を除き、バラ類（rosids）とキク類（asterids）に大きく分かれることが明らかになった。

　このような系統関係を反映させて、ＡＰＧ分類体系では、基

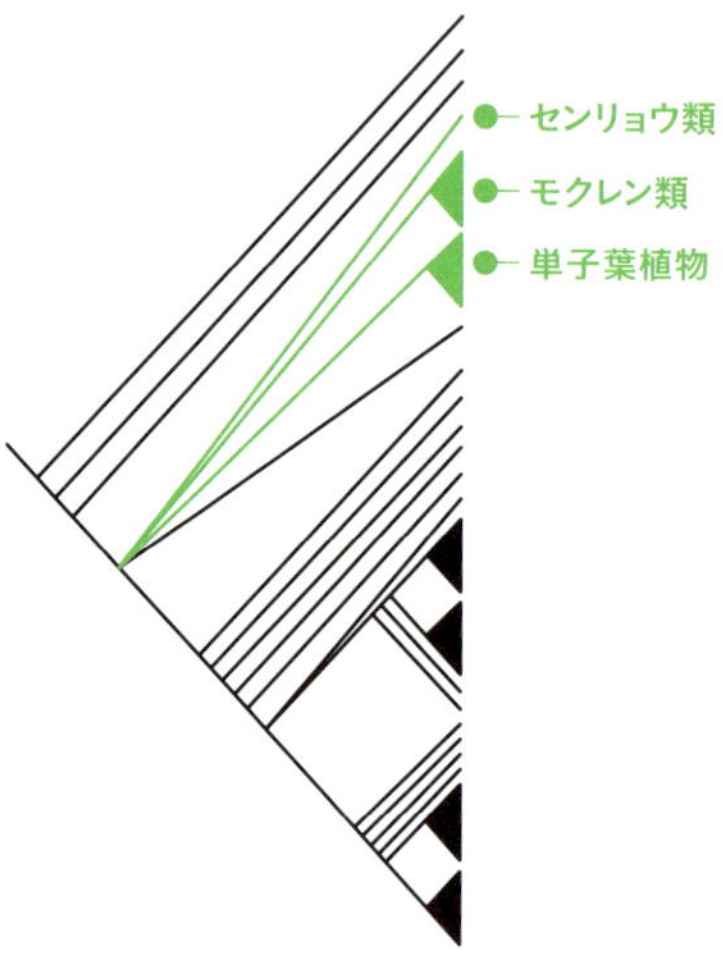

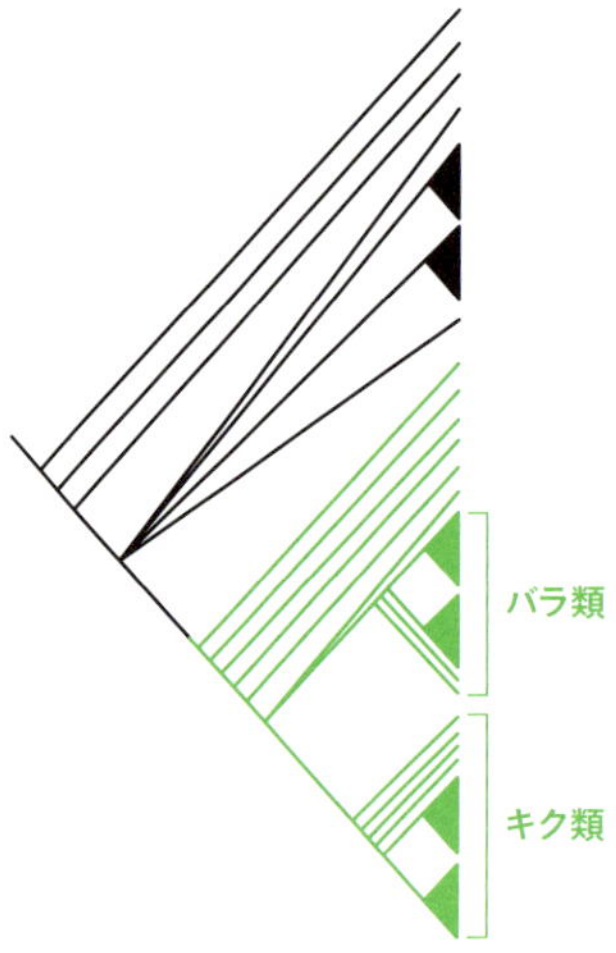

部被子植物、センリョウ類、モクレン類、単子葉植物、基部真正双子葉植物、中核真正双子葉植物（バラ類、キク類）という順に配列されている。

Chapter

2

APG分類体系で変わった！被子植物の科

APGで変わった植物の科。
特に日本に産する植物で、
従来の分類体系の科からの
変更点について
個別に見ていこう。

科の配列

被子植物の分類体系では、科という単位が重要となっている。科の上には目という分類カテゴリーがあり、被子植物内の系統関係を概観するには重要だが、一般にはあまり言及されることが多くない。これに対し、被子植物における科は、花などの構造が共通しているグループとなっているので、比較的認識しやすい分類単位となっている。

日本でこれまで編纂された多くの植物図鑑では、被子植物の科の配列は新エングラー体系かクロンキスト体系に準拠し、それぞれの体系において、最も原始的と考えられてきた科（あるいは目）からより進化した科へという順序で並べられていた。日本産の被子植物では、新エングラー体系ではヤマモモ科（全体ではモクマオウ科）、クロンキスト体系ではモクレン科（全体ではシキミモドキ科）から始まっている。また、単子葉植物は双子葉植物と区別され、双子葉植物の後に並べられることが普通になっている。

これに対してAPG体系では、基部被子植物、センリョウ類、モクレン類、単子葉植物、基部真正双子葉植物、中核真正双子葉植物（バラ類、キク類）という配列が提唱されている。APG体系の最初の科はアンボレラ科であるが、日本には自生しないため、日本産の植物ではスイレン類が最初に配置される。そのためジュンサイ科（Cabombaceae）から始まりスイレン科が続くことになる。APG体系では、双子葉植物と単子葉植物という二分類をしないため、単子葉植物はモクレン類の後、基部真正双子葉植物の前に置かれる。そのため、従来の双子葉植

物を分断する形で並べられることになる。このような配列をそのまま使うと図鑑類では実際の使用に際して不便になることから、単子葉植物を独立させて双子葉植物の後に持ってくる図鑑も出てくると予想される。いずれにせよ科の配列は従来のクロンキスト体系とも新エングラー体系とも大きく変わるので、素早く目的の植物に行き着くには、おおまかな配列の順序を把握しておく必要がある。

もう一つ注意したいのが、木本のグループと草本のグループである。従来の体系では、多少の例外はあるが、木本植物からなる科と草本植物からなる科がほぼはっきりしていた。そのため、日本で出版されている図鑑の多くは、利便性を重んじて木本と草本に分けて編集されてきた。APG分類体系では、木本と草本が入り交じる科が増えたため、図鑑も両者が混在したものとなる場合が多くなると予想される。

いま持っている図鑑は使えなくなるのか

従来使われてきた植物図鑑では、新エングラー体系（保育社など）かクロンキスト体系が使用されている。それでは、これらの図鑑はもはや時代遅れで使えなくなるのであろうか？　おそらく、実際の使用にはそれほど不便は感じないだろう。その理由はまず、これまでと所属する科名が変わる植物は全体としてはそれほど多いわけではないから。また、所属の科の名前が変わっても、植物そのものやその種名が変わるわけではない。植物の記述に関しても、科名以外はそのまま利用可能である。もし、APG体系に慣れてしまっても、索引でそのページを探すことができるし、同属の近縁な植物種は近くにあり、種への検索表も変わらない。

この本の巻末に付属している対照表を参照すれば、どの科を見れば良いか調べることができる。

内容が大きく変わる科

ここからは、APG体系により、従来の科の定義とは大きく構成が変化した科を紹介する。特に断りがない限り、APG体系はAPGⅢに基づいて解説する。新エングラー体系とクロンキスト体系では、科の定義はそれほど違わないため、変化を表した図では、基本的にはクロンキスト体系とAPG体系の違いを示している。この際、緑字で示した科はクロンキスト体系、黒字がAPG体系である。新エングラー体系とクロンキスト体系が異なる場合は図中に示した。また、多くの場合は日本に産する植物のみを載せてあり、その他は省略しているが、園芸植物など国外産の植物を載せている場合は細字で示している（図1）。

図1　図の凡例

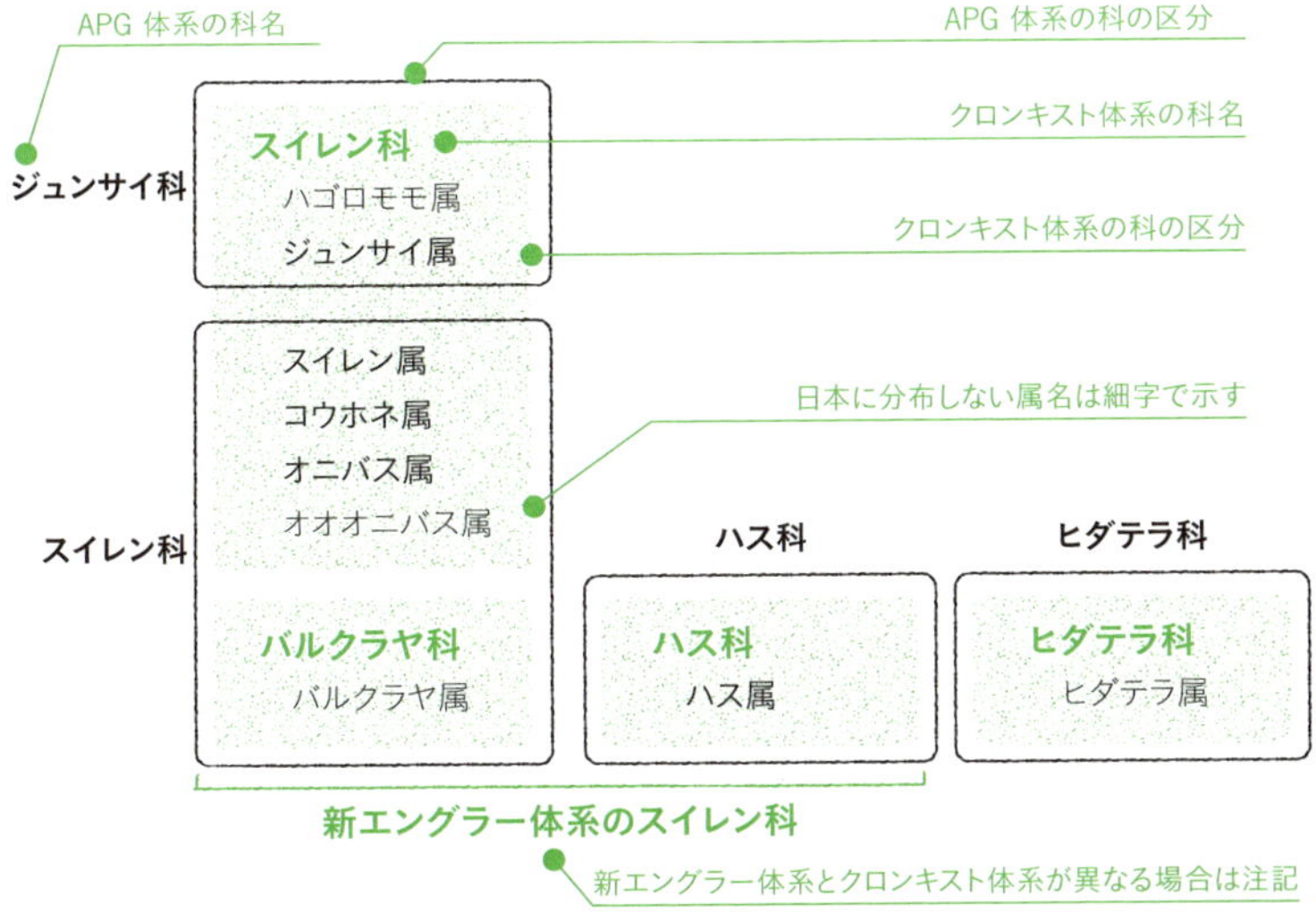

まず、最初に、大きく変わり、ＡＰＧを用いたときの混乱の原因ともなっている、ゴマノハグサ科などいくつかの科を紹介する。

ゴマノハグサ科とその周辺の科

ＡＰＧ体系になって、最も複雑に科が変更になったのが、従来のゴマノハグサ科を中心としたいくつかの科である。従来のゴマノハグサ科は、ゴマノハグサ属、シオガマギク属、クワガタソウ属、サギゴケ属など多数の多様な植物群を含む、合弁花類の大きな科であった。しかし、この仲間の系統関係がよくわかってくると、ゴマノハグサ科の中にいくつかの系統的にまとまった群が認識されるようになっていった。さらに、これらの群は互いに近縁ではなく、後述のように他の科の植物により近縁な関係であることが明らかになった。その結果、従来のゴマノハグサ科は分解され、それぞれの群に近縁な科の植物といっしょに新しい科が作られた。

ゴマノハグサ科の科名の元となっているゴマノハグサ属は、クロンキスト体系のフジウツギ科、ハマジンチョウ科といった植物と近縁であり、この両科と統合されて新たな（ＡＰＧⅢ分類体系の）ゴマノハグサ科を形成している。

シオガマギク属やママコナ属などは、ハマウツボ科に近縁であることが明らかになったため、ハマウツボ科に入れられている。旧ハマウツボ科はすべて寄生植物からなる植物群であった。旧ゴマノハグサ科からハマウツボ科に移された植物の多くも、葉緑素を持ち光合成能力があるが、他の植物に根で寄生して栄養を得ている半寄生性の植物である。

ゴマノハグサ科の分解で最も衝撃的に受け取られたのが、クワガタソウ属などの多くの美しい花を持つ植物が、オオバコ科に変更されてしまったことであろう。従来のオオバコ科は、花弁を持たず、主に風媒で受粉する地味

図2 ゴマノハグサ科とその周辺の科

APG III 体系の科		
ゴマノハグサ科	**ゴマノハグサ科** ゴマノハグサ属	**フジウツギ科** フジウツギ属 **ハマジンチョウ科** ハマジンチョウ属
ハマウツボ科	ゴマクサ属 ココゴメグサ属 ヤマウツボ属 ママコナ属 クチナシグサ属 シオガマギク属 コシオガマ属 センリゴマ属 ヒキヨモギ属	**ハマウツボ科** ナンバンギセル属 オニク属 ハマウツボ属 キヨスミウツボ属
アゼナ科	ウリクサ属 ツルウリクサ属	
オオバコ科	サワトウガラシ属 アブノメ属 キクガラクサ属 カミガモソウ属 シソクサ属 キタミソウ属 ウンラン属 スズメハコベ属 イワブクロ属 クワガタソウ属 クガイソウ属	**オオバコ科** オオバコ属 **スギナモ科** スギナモ属 **アワゴケ科** アワゴケ属 **ウルップソウ科** ウルップソウ属 **ゴマ科** ヒシモドキ属
ハエドクソウ科	サギゴケ属 ミゾホオズキ属	**クマツヅラ科** ハエドクソウ属

な花を持つ植物群であった。花弁の有無のため美しさは比べようもないが、オオバコの花序や花を詳しく見てみるとクガイソウなどとの類似点があり、変に納得させられる。新しく編成され直されたオオバコ科には、旧ゴマノハ

（38ページに続く）

COLUMN

半寄生性旧ゴマノハグサ科植物の正体

多様な分類群から構成されていた旧ゴマノハグサ科には半寄生植物が含まれていた。葉緑体を含む葉を持ち光合成はするものの、他の植物に寄生もしているというもので、ゴマクサ属、コゴメグサ属、ママコナ属、クチナシグサ属、シオガマギク属、コシオガマ属、ヒキヨモギ属など、広範な分類群が含まれていた。

APGでは、これらの半寄生植物はすべてハマウツボ科に移動した。ハマウツボ科は、これまでは全寄生性の植物のみから構成されていたが、全寄生性への途中段階ともいえる半寄生植物も含んでいたことになる。

1. ハマウツボ属(ヤセウツボ)、
2. ママコナ属(ホソバママコナ)、
3. ナンバンギセル属(ナンバンギセル)、
4. ココメグサ属(ココメグサ)、
5. ヤマウツボ属(ヤマウツボ)、
6. セイヨウヒキヨモギ属(セイヨウヒキヨモギ)、
7. シオガマギク属(ヨツバシオガマ)、
8. ママコナ属(ママコナ)、
9. クチナシグサ属(クチナシグサ)

□ はゴマノハグサ科からハマウツボ科に移った半寄生植物

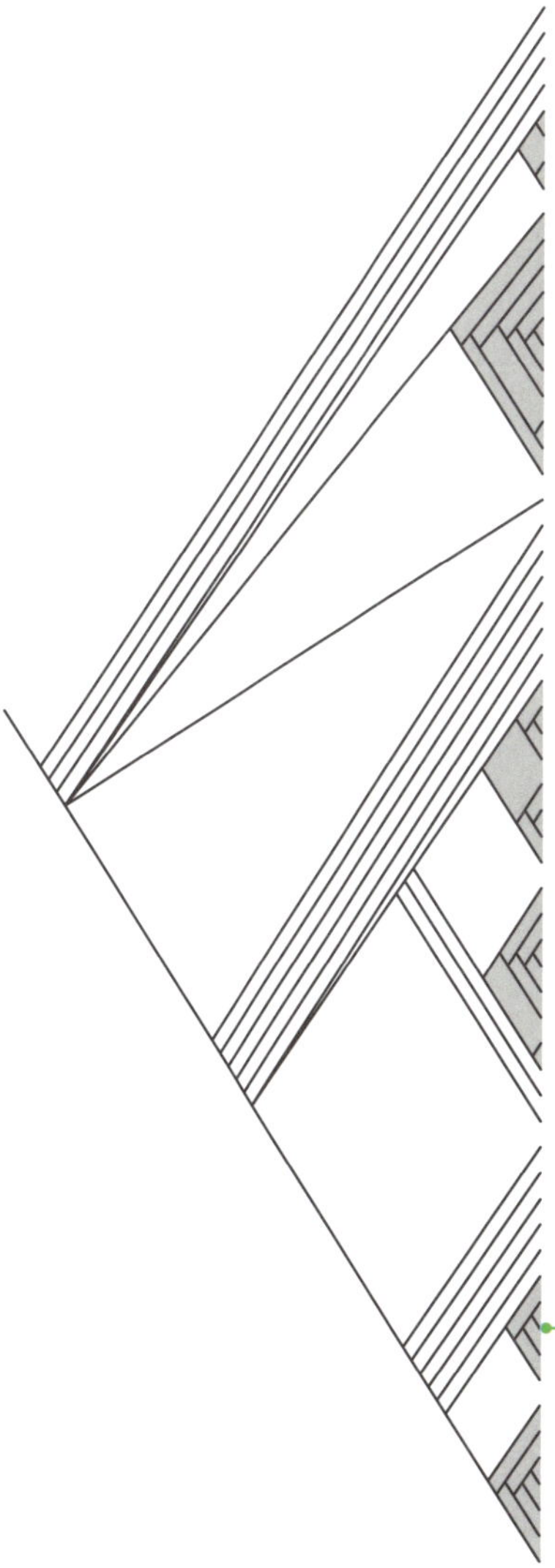
シソ目
ハマウツボ科
ゴマノハグサ科

6

5

8

7

9

COLUMN

ハマウツボ科内での寄生性の進化

日本産のハマウツボ科の植物は全寄生性のものばかりだったが、ＡＰＧでは、旧ゴマノハクサ科に所属していた半寄生性の植物が多数含まれるようになった。ハマウツボ科の中で全寄生性と半寄生性の種の関係はどうなっているのだろうか。

2. ナンバンギセル属（ナンバンギセル）

3. セイヨウヒキヨモギ属（セイヨウヒキヨモギ）

5. ママコナ属（ママコナ）

6. ハマウツボ属（ヤセウツボ）

8. クチナシグサ属（クチナシグサ）

9. センリゴマ属（センリゴマ）

ＡＰＧのハマウツボ科にも、まったく寄生性のないグループが少数ながら存在するが、これらはハマウツボ科の系統樹の中で最初に分岐しており、祖先的であると考えられる。日本にも、このグループの一員であるセンリゴマが分布し、静岡県のごく限られた場所に生育

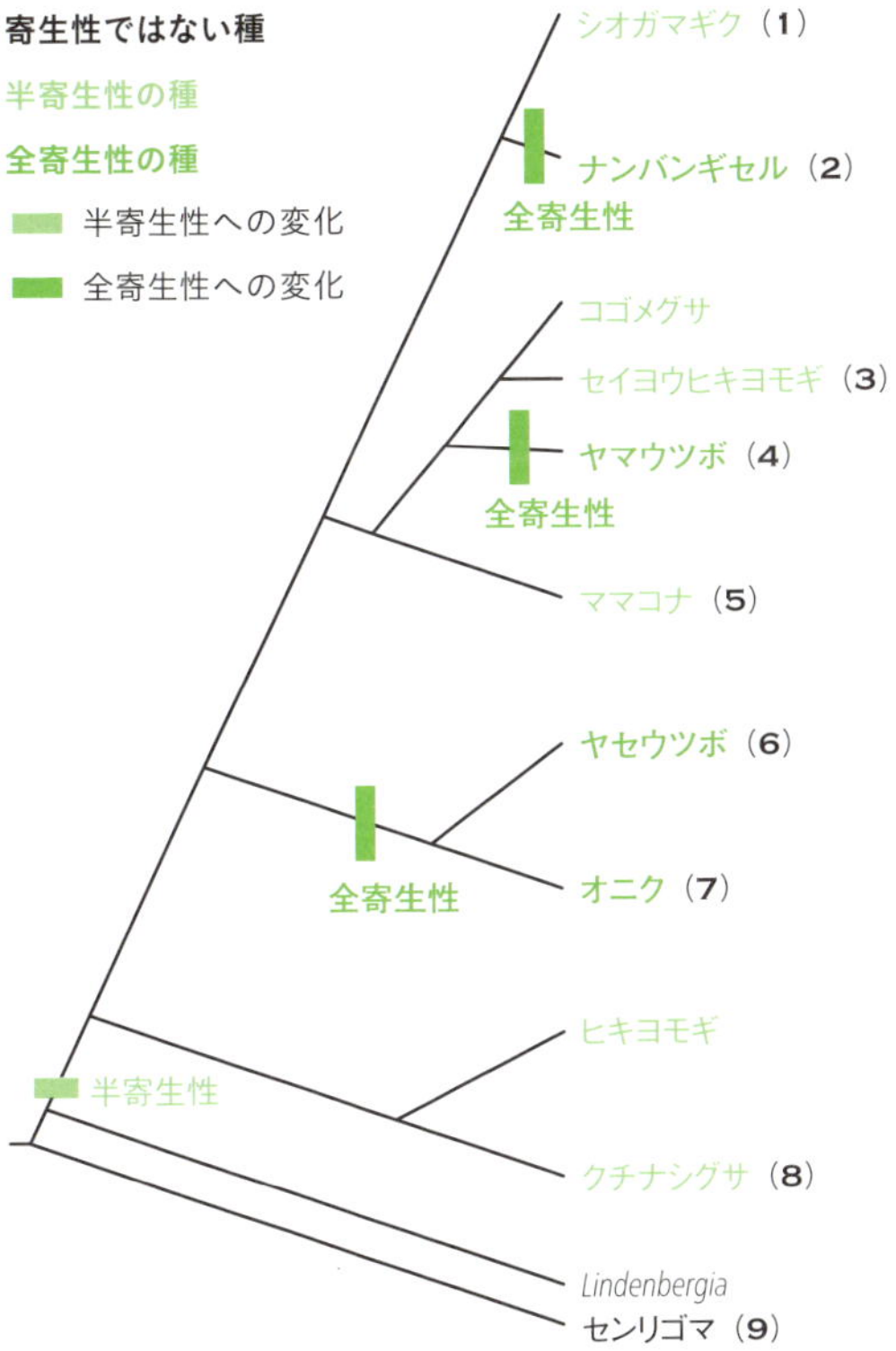

1. シオガマギク属（シオガマギク）

4. ヤマウツボ属（ヤマウツボ）

7. オニク属（オニク／撮影 末次健司）

している。
　それ以降分岐したものはすべてが寄生性を示しているが、光合成を行う半寄生性の種の方が多い。光合成を行わない全寄生性の植物は系統樹の中で数か所に分散しており、半寄生性から全寄生性への変化が何度も起こったことを示している。ハマウツボ科の中で半寄生性から全寄生性への進化は少なくとも三回起こっている。

（33ページから続く）

グサ科からのみでなく、スギナモ科、アワゴケ科、ウルップソウ科が統合され、ゴマ科に入れられていたヒシモドキ属も加わっている。

さらに、ミゾホオズキ属やサギゴケ属は、クマツヅラ科に入れられていたハエドクソウ属と一緒になり、ハエドクソウ科となり、ウリクサ属などはアゼナ科として独立した。

広義のユキノシタ科

古典的なユキノシタ科とユリ科は、それぞれ双子葉植物と単子葉植物で、比較的原始的で特徴のない構造を持つもの、すなわち、雌しべが合生心皮となり、主に子房上位の花を持つ植物が集められた科であり、ＡＰＧ分類体系以前にすでにいくつかの科に分けられていたものである。

新エングラー体系におけるユキノシタ科は、クロンキスト体系においてすでに主に木本植物からなるアジサイやズイナの仲間はユキノシタ科から分けられて、それぞれアジサイ科、スグリ科とされていた。ＡＰＧ体系では、これらをさらに進め、主に草本植物の群からウメバチソウ属を分離し、ニシキギ科に移した。また、タコノアシ属は独立のタコノアシ科とした。木本の群は、従来のアジサイ科を踏襲し、旧スグリ科はスグリ科とズイナ科に分解された（図3）。

オオバコ(左)とクガイソウ(右)の花序を拡大した。花弁を取り除くと、意外に似ている(撮影 伊藤元己)。

図3 広義のユキノシタ科

タコノアシ科	**ユキノシタ科** タコノアシ属
ユキノシタ科	チダケサシ属 アラシグサ属 ネコノメソウ属 チャルメルソウ属 ヤワタソウ属 ヤグルマソウ属 ユキノシタ属 イワユキノシタ属 ズダヤクシュ属
ニシキギ科	ウメバチソウ属
アジサイ科	**アジサイ科** クサアジサイ属 ギンバイソウ属 ウツギ属 アジサイ属 キレンゲショウマ属 バイカウツギ属 シマユキカズラ属 バイカアマチャ属 イワガラミ属
ズイナ科	**スグリ科** ズイナ属
スグリ科	スグリ属

新エングラー体系のユキノシタ科

ユキノシタ科にとどまった属の例

1. ズダヤクシュ属（ズダヤクシュ）、**2.** チャルメルソウ属（チャルメルソウ）、**3.** ネコノメソウ属（シロバナネコノメソウ）、**4.** チダケサシ属（アワモリショウマの園芸品種）、**5.** ヤグルマソウ属（ヤグルマソウ）

COLUMN

ユキノシタ科の大分裂

旧ユキノシタ科は不思議なグループだった。新エングラー体系のユキノシタ科は、ユキノシタやダイモンジソウ以外に、チダケサシ、ネコノメソウ、スグリ、ウメバチソウ、チャルメルソウ、タコノアシ、アジサイなど、見るからに多様な分類群が含まれており、その単系統性には疑いが持たれていた。ＡＰＧ体系では、旧ユキノシタ科は、ユキノシタ目のユキノシタ科、スグリ科、ズイナ科、タコノアシ科、ニシキギ目のニシキギ科、ミズキ目のアジサイ科などに分割された。また、日本には分布していないが、エスカロニア科のように遠くキク類のエスカロニア目にまで移動したものもある。

アジサイはユキノシタ科の中で馴染みのある植物であったが、目レベルで変動があった。また、秋の山野で可憐な花を咲かせるウメバチソウも目レベルで移動し、ニシキギ目ニシキギ科となったのも意外であった。

ユキノシタ科では、上位分類群である目にも大きな変動があった。旧ユキノシタ科はバラ目に属していたが、ＡＰＧ体系ではユキノシタ目が新設され、ユキノシタ科はここに含められた。ユキノシタ目には一五科が知られており、そのうちの一一科が日本に生育する。新エングラー体系との比較では、三科が新たに設けられ、バラ目からは四科が、オトギリソウ目、モクレン目、フウロソウ目、フトモモ目からそれぞれ一科が移動してきている。

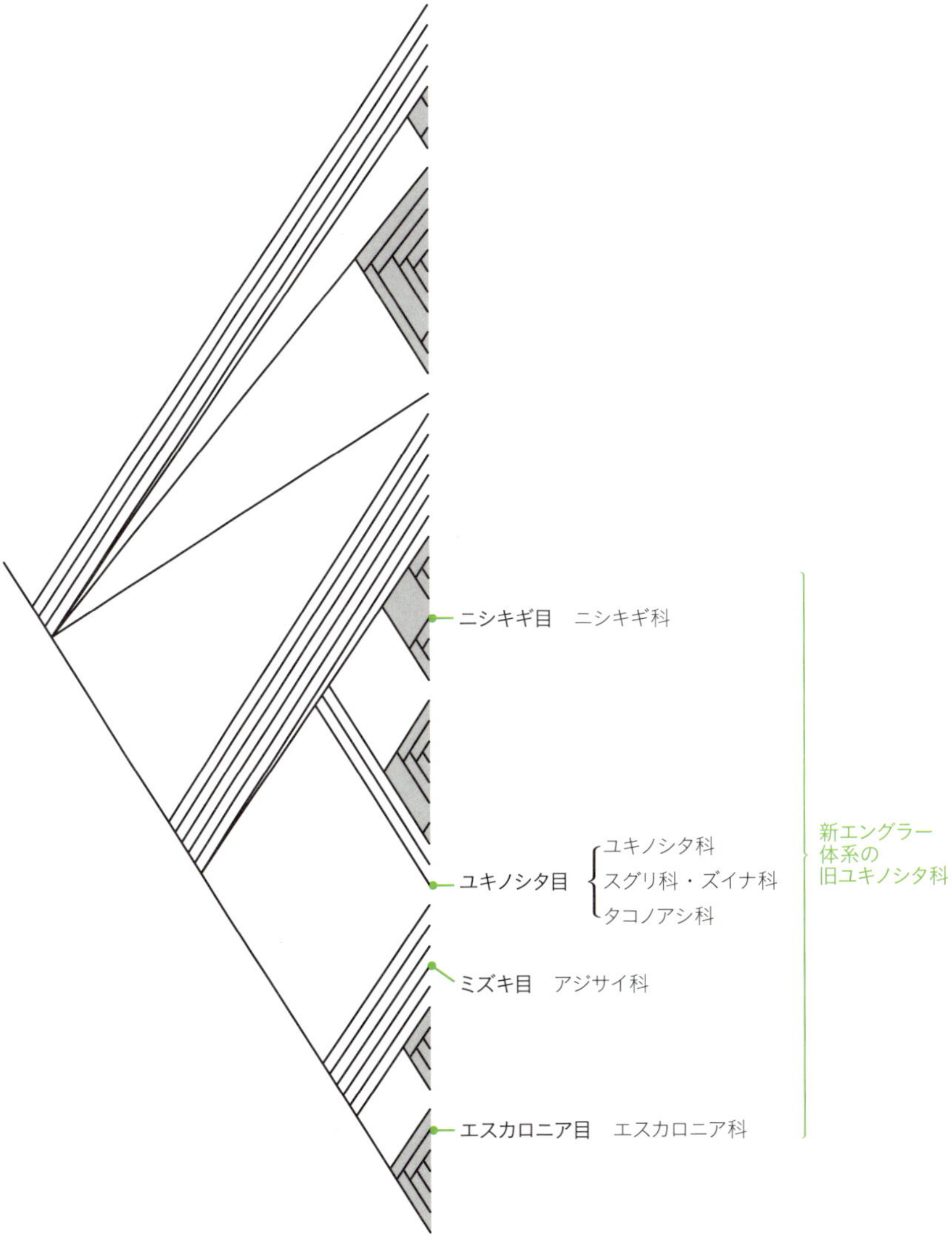
ニシキギ目　ニシキギ科
ユキノシタ目
ユキノシタ科
スグリ科・ズイナ科
タコノアシ科
ミズキ目　アジサイ科
エスカロニア目　エスカロニア科
新エングラー体系の旧ユキノシタ科

COLUMN

1.ボタン(ボタン科)

2.モミジバフウ(フウ科)

3.マンサク(マンサク科)

4.カツラ(カツラ科)

5.ユズリハ(ユズリハ科)

6.キリンソウ(ベンケイソウ科)

7.タコノアシ(タコノアシ科)

8.タチモ(アリノトウグサ科)

9.ズイナ(ズイナ科)

10.アカスグリ(スグリ科)

11.スダヤクシュ (ユキノシタ科)

ユキノシタ目の科の系統関係

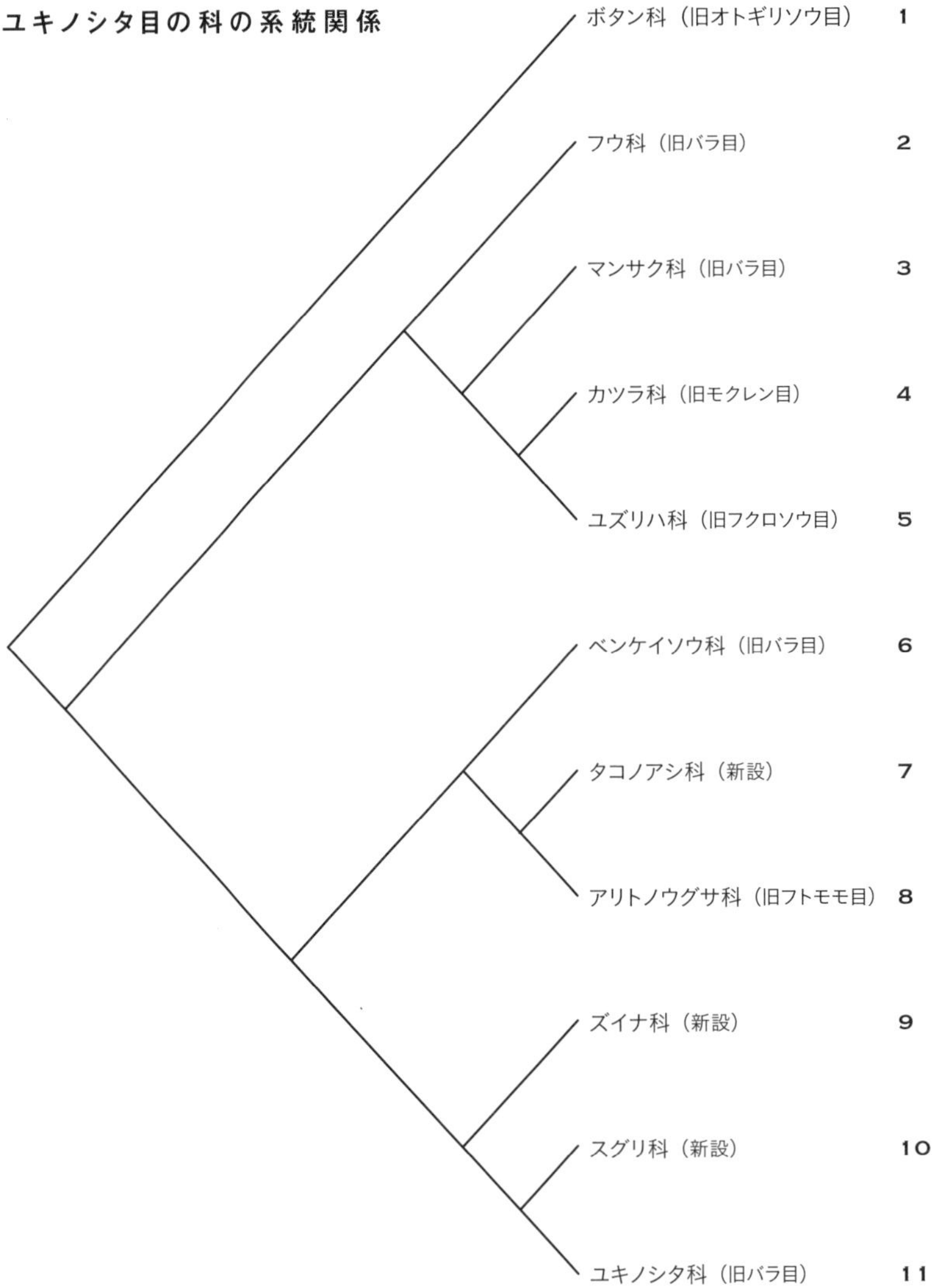
ボタン科（旧オトギリソウ目） 1
フウ科（旧バラ目） 2
マンサク科（旧バラ目） 3
カツラ科（旧モクレン目） 4
ユズリハ科（旧フクロソウ目） 5
ベンケイソウ科（旧バラ目） 6
タコノアシ科（新設） 7
アリトノウグサ科（旧フトモモ目） 8
ズイナ科（新設） 9
スグリ科（新設） 10
ユキノシタ科（旧バラ目） 11

COLUMN

APG体系

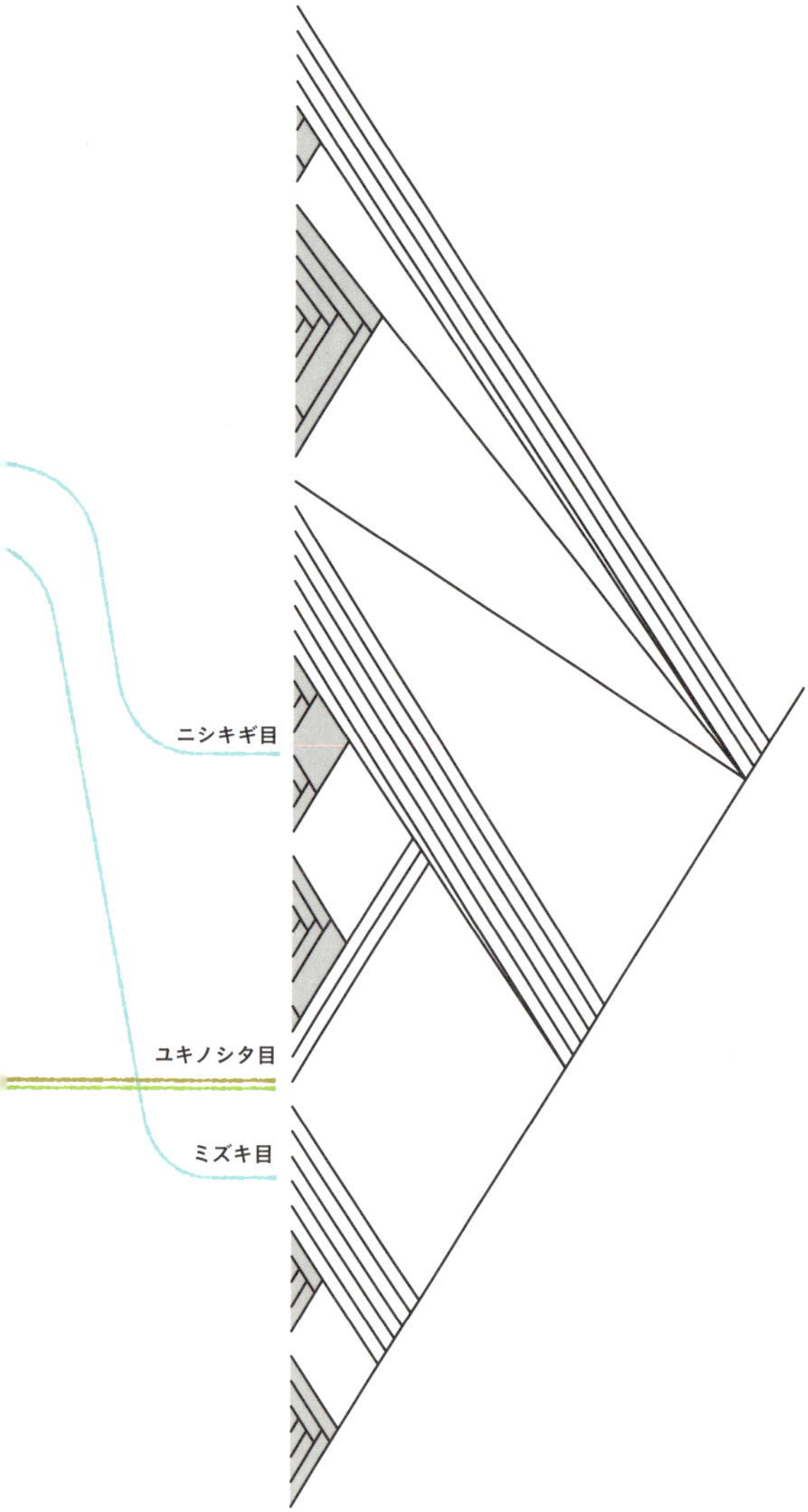

新エングラー分類体系の被子植物門

被子植物門 *Angiospermae*

双子葉植物綱 *Dicotyledoneae*

古生花被植物亜綱 *Archichlamydeae*

- モクマオウ目 *Casuarinales*
- クルミ目 *Juglandales*
- ヤナギ目 *Salicales*
- ブナ目 *Fagales*
- イラクサ目 *Urticales*
- ヤマモガシ目 *Proteales*
- ビャクダン目 *Santalales*
- ツチトリモチ目 *Balanophorales*
- タデ目 *Polygonales*
- アカザ目 *Centrospermae*
- サボテン目 *Cactales*
- モクレン目 *Magnoliales*
- キンポウゲ目 *Ranunculales*
- コショウ目 *Piperales*
- ウマノスズクサ目 *Aristolochiales*
- ● オトギリソウ目 *Guttiferales*
- サラセニア目 *Sarraceniales*
- ケシ目 *Papaverales*
- ●● バラ目 *Rosales*
- カワゴケソウ目 *Podostemales*
- ● フウロソウ目 *Geraniales*
- ミカン目 *Rutales*
- ムクロジ目 *Sapindales*
- ニシキギ目 *Celastrales*
- クロウメモドキ目 *Rhamnales*
- アオイ目 *Malvales*
- ジンチョウゲ目 *Thymelaeales*
- スミレ目 *Violales*
- ウリ目 *Cucurbitales*
- ● フトモモ目 *Myrtiflorae*
- セリ目 *Umbelliflorae*

合弁花植物亜綱（後生花被植物亜綱）

- イワウメ目 *Diapensiales*
- ツツジ目 *Ericales*
- サクラソウ目 *Primulales*
- イソマツ目 *Plumbaginales*
- カキノキ目 *Ebenales*
- モクセイ目 *Oleales*
- リンドウ目 *Gentianales*
- シソ目 *Tubiflorae*
- オオバコ目 *Plantaginales*
- マツムシソウ目 *Dipsacales*
- キキョウ目 *Campanulales*

単子葉植物綱 *Monocotyledoneae*

- イバラモ目 *Helobiae*
- ホンゴウソウ目 *Triuridales*
- ユリ目 *Liliiflorae*
- イグサ目 *Juncales*
- パイナップル目 *Bromeliales*
- ツユクサ目 *Commelinales*
- イネ目 *Graminales*
- ヤシ目 *Principes*
- パナマソウ目 *Synanthae*
- サトイモ目 *Spathiflorae*
- タコノキ目 *Pandanales*
- カヤツリグサ目 *Cyperales*
- ショウガ目 *Scitamineae*
- ラン目 *Microspermae*

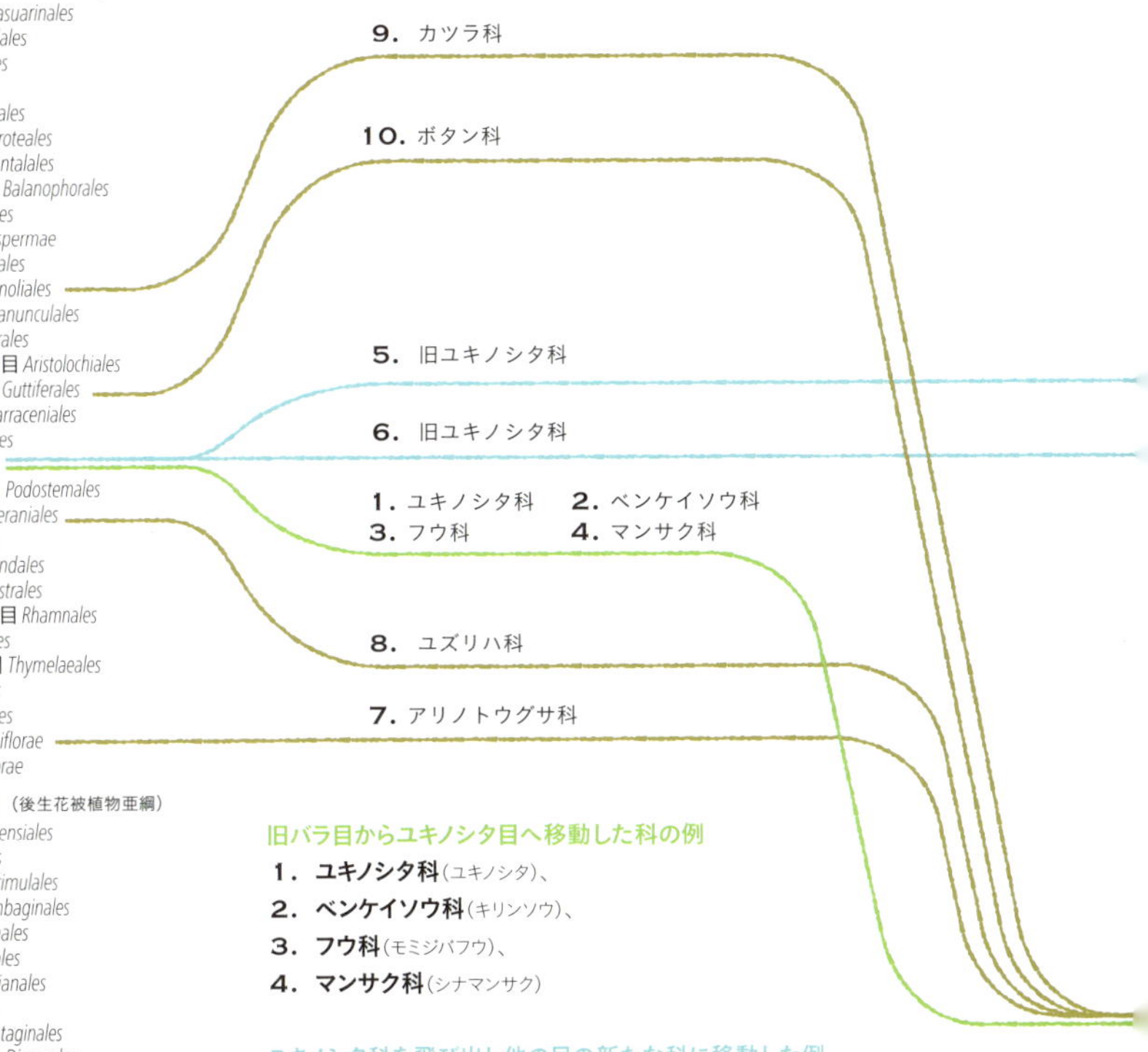

旧バラ目からユキノシタ目へ移動した科の例

1. **ユキノシタ科**（ユキノシタ）、
2. **ベンケイソウ科**（キリンソウ）、
3. **フウ科**（モミジバフウ）、
4. **マンサク科**（シナマンサク）

ユキノシタ科を飛び出し他の目の新たな科に移動した例

5. **ニシキギ目へ**（ニシキギ科、ウメバチソウ）、
6. **ミズキ目へ**（アジサイ科、ヤマアジサイの園芸品種'紅'）

新エングラー体系の他の目からユキノシタ目に移動した例

7. **フトモモ目から**（アリノトウグサ科、タチモ）、
8. **フウロソウ目から**（ユズリハ科、ユズリハ）、
9. **モクレン目から**（カツラ科、カツラ）、
10. **オトギリソウ目から**（ボタン科、ボタン）

11. **ニシキギ目**（ニシキギ科、ニシキギ）、
12. **ミズキ目**（ミズキ科、ヤマボウシ）、

スイカズラ科とガマズミ科

木本植物が中心であったスイカズラ科もその範囲が比較的大きく変わる科である（図4）。

レンプクソウは、花の構造などからスイカズラ科との類縁を指摘されていた植物であるが、小型の草本植物であることから別の科とされてきた。しかし、分子系統解析の結果から、レンプクソウは従来の日本産スイカズラ科の植物のニワトコ属とガマズミ属が近縁であることが明らかになり、これらの属は草本植物のレンプクソウ属とともにガマズミ科に入れられた。さらに、残りのスイカズラ科にはなんと草本植物を中心とするマツムシソウ属およびオミナエシ属と近縁であることがわかってきた。これらは従来の分類体系ではマツムシソウ科、オミナエシ科という独立の科とされてきた植物である。APG分類体系では、従来のマツムシソウ科とオミナエシ科の植物はスイカズラ科に入れられることとなった。ここでも、草本植物と木本植物で別の科と認識されてきた科がシャッフルされている（図5）。

スイカズラ科からガマズミ科に移動した属の例

ガマズミ属（コバノガマズミ）

ニワトコ属（ニワトコ）

図4 ガマズミ科とスイカズラ科

APG体系の科	
ガマズミ科	**レンプクソウ科** レンプクソウ属 *Adoxa* **スイカズラ科** ニワトコ属 *Sambucus* ガマズミ属 *Viburnum*
スイカズラ科	ツクバネウツギ属 *Abelia* リンネソウ属 *Linnaea* スイカズラ属 *Lonicera* ウコンウツギ属 *Macrodiervilla* ツキヌキソウ属 *Triosteum* タニウツギ属 *Weigela* イワツクバネウツギ属 *Zabelia* **マツムシソウ科** ナベナ属 *Dipsacus* マツムシソウ属 *Scabiosa* **オミナエシ科** オミナエシ属 *Patrinia* カノコソウ属 *Valeriana*

図5 ガマズミ科とスイカズラ科の属の系統樹

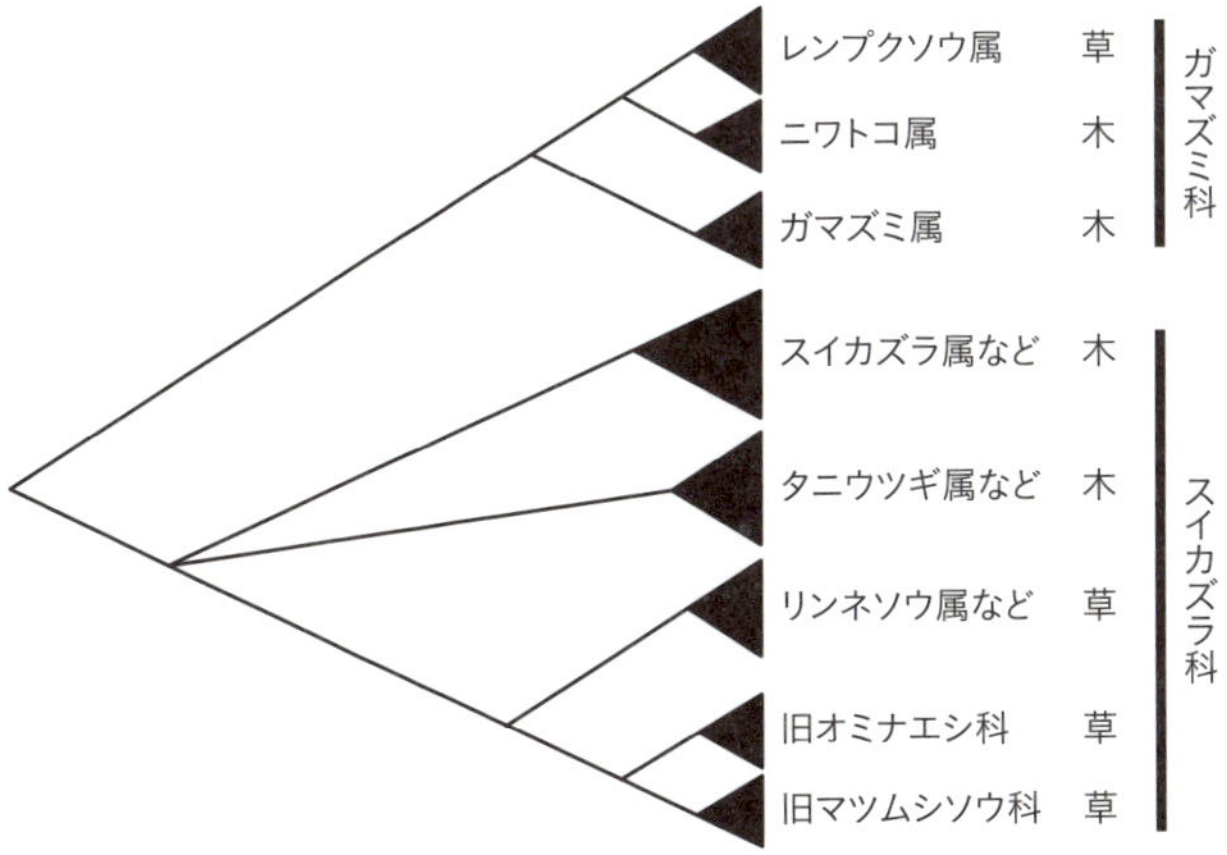

COLUMN

レンプクソウ科の拡大と消滅

レンプクソウという植物をご存じだろうか。春に林床でみられる草丈は一〇センチメートルにも満たない小さな植物で、緑色の花を咲かせる。地味な植物だが、この花が面白い。一本の花茎の先に花が五個、直方体状に集まっている。直方体の六面のうち、一番下の面は花茎が、そして残りの五面を緑色の花が占めている。英語ではfive faced bishop（五面の司教）と言うらしい。日本人だと阿修羅を想像するかもしれない。なんとも独特の形だ。

レンプクソウの分布は広く、ユーラシア大陸の温帯〜寒帯に分布しているが、エングラーやクロンキストの分類体系では、レンプクソウ科はレンプクソウと、中国産固有種一種、合計二種のみからなるという、マニア心をくすぐる植物だったのだ。

しかしAPGではレンプクソウ科には、これまでスイカズラ科に含まれていた木本のガマズミ属やニワトコ属などが大挙して加わることになった。ガマズミ属やニワトコ属は大きな属なので、これまで世界でたった一種のみだったレンプクソウ科は、今や一五〇〜二〇〇種からなる分類群となった。

マイナーな植物が一気にメジャーな分類群になってしまって、ちょっとがっかりしている植物愛好家もいたかもしれないが、さらに展開があった。ガマズミ科（Viburnaceae）とレンプクソウ科（Adoxaceae）の学名は、それぞれ一八二〇年と一八三九年に発表されていて、ガマズミ科の方が古

い。この場合、より古い名称に優先権があるので、ガマズミ科を用いることが二〇一七年七月の国際植物学会議で決定された。その結果、一瞬の栄光の後にレンプクソウ科は消滅してしまったのである。

レンプクソウ（レンプクソウ属）

「レンプクソウ科」（現在はガマズミ科）に加わった植物の例

ヤブデマリ（ガマズミ属）

オオチョウジガマズミ（ガマズミ属）

コバノガマズミ（ガマズミ属）

ニワトコ（ニワトコ属）

広義ユリ科

ユリ科もいくつかの科に細分された科である（図6）。

古典的なユリ科はサルトリイバラやヤマノイモなども含む大きな科であった。その後、これらの仲間は独立した科とされたが、APG分類体系では残りのユリ科も細分化されている。実は、ユリ科を中心とする群の分類は、APG分類体系の中でも何度も改訂されている。APGⅢ体系では、APGⅠとAPGⅡで不確定であったところを整理してほぼ決定版となっていた。例えば、ヒガンバナ科は子房下位の花を持つ植物であり、伝統的には子房上位のユリ科とは分けられてきた。しかし、単子葉植物の系統関係を詳しく研究してみると、従来ユリ科として扱われてきたネギ属の仲間と類縁があることがわかってきた。APGⅡでは、ネギ科をユリ科とは別の科としていたが、APGⅢではネギ科とヒガンバナ科を一緒にして、新たなヒガンバナ科として定義している。

旧ユリ科の再編成
日本の自生種は9科に分離された

キンコウカ科（ノギラン）

チゴユリ科（チゴユリ）

チシマゼキショウ科（イワショウブ）

シュロソウ科（シライトソウ）

旧ユリ科のネギ属は
ヒガンバナ科（クサスギカズラ目）**に**

ヒガンバナ科（ネギ）

ヒガンバナ科（ヒガンバナ）

図6 ユリ科の再編成

ヒガンバナ科	**ヒガンバナ科** ハマユウ属 *Crinum* ヒガンバナ属 *Lycoris* **ユリ科** ネギ属 *Allium*
クサスギカズラ科	クサスギカズラ属 *Asparagus* ツルボ属 *Barnardia* ケイビラン属 *Comospermum* スズラン属 *Convallaria* ギボウシ属 *Hosta* ヤブラン属 *Liriope* マイヅルソウ属 *Maianthemum* ジャノヒゲ属 *Ophiopogon* アマドコロ属 *Polygonatum* キチジョウソウ属 *Reineckea* オモト属 *Rohdea*
ワスレグサ科	キキョウラン属 *Dianella* ワスレグサ属 *Hemerocallis*
シオデ科	シオデ属 *Smilax* カラスバサンキライ属 *Heterosmilax*
ユリ科	アマナ属 *Amana* ウバユリ属 *Cardiocrinum* ツバメオモト属 *Clintonia* カタクリ属 *Erythronium* バイモ属 *Fritillaria* ヒメアマナ属 *Gagea* ユリ属 *Lilium* チシマアマナ属 *Lloydia* タケシマラン属 *Streptopus* ホトトギス属 *Tricyrtis*

ユリ科（続き）

チゴユリ科	チゴユリ属 *Disporum*
シュロソウ科	リシリソウ属 *Anticlea* シライトソウ属 *Chionographis* ショウジョウバカマ属 *Helonias* キヌガサソウ属 *Kinugasa* ツクバネソウ属 *Paris* エンレイソウ属 *Trillium* シュロソウ属 *Veratrum*
キンコウカ科	ソクシンラン属 *Aletris* ノギラン属 *Metanarthecium* キンコウカ属 *Narthecium*
サクライソウ科	オゼソウ属 *Japonolirion* サクライソウ属 *Petrosavia*
チシマゼキショウ科	チシマゼキショウ属 *Tofieldia* イワショウブ属 *Triantha*

ユリ科（コオニユリ）

クサスギカズラ科（ギボウシ）

ワスレグサ科（ノカンゾウ）

サクライソウ科
（オゼソウ／撮影 伊藤元己）

サクライソウ科
（サクライソウ／撮影 柳原康希）

COLUMN

ユリ科の大分裂

従来の分類体系では、ユリ科は多様な分類群を含んでおり、その単系統性には疑問がもたれていた。APG体系において、ユリ科は大規模に解体され、五個の目に移動し、既存の科に合流、あるいは多くの新しい科が創設された。

旧ユリ科は、APGでは、オモダカ目のチシマゼキショウ科、サクライソウ目のサクライソウ科、ヤマノイモ目のキンコウカ科、ユリ目のユリ科、シオデ科、チゴユリ（イヌサフラン）科、シュロソウ科など約六科、クサスギカズラ目のヒガンバナ（ネギ）科、クサスギカズラ科（リュウゼツラン科を含む）、ワスレグサ（ススキノキ）科など約八科に解体された。

かつてのユリ科が、実に雑多な分類群で構成されていたことが理解できる。

ユリ目

1. ユリ科（ササユリ）、
2. チゴユリ科（チゴユリ）、
3. シュロソウ科（クルマバツクバネソウ）、
4. シオデ科（サルトリイバラ）

オモダカ目

5. チシマゼキショウ科（イワショウブ）

解体されて単子葉植物の系統樹内に散在する旧ユリ科植物

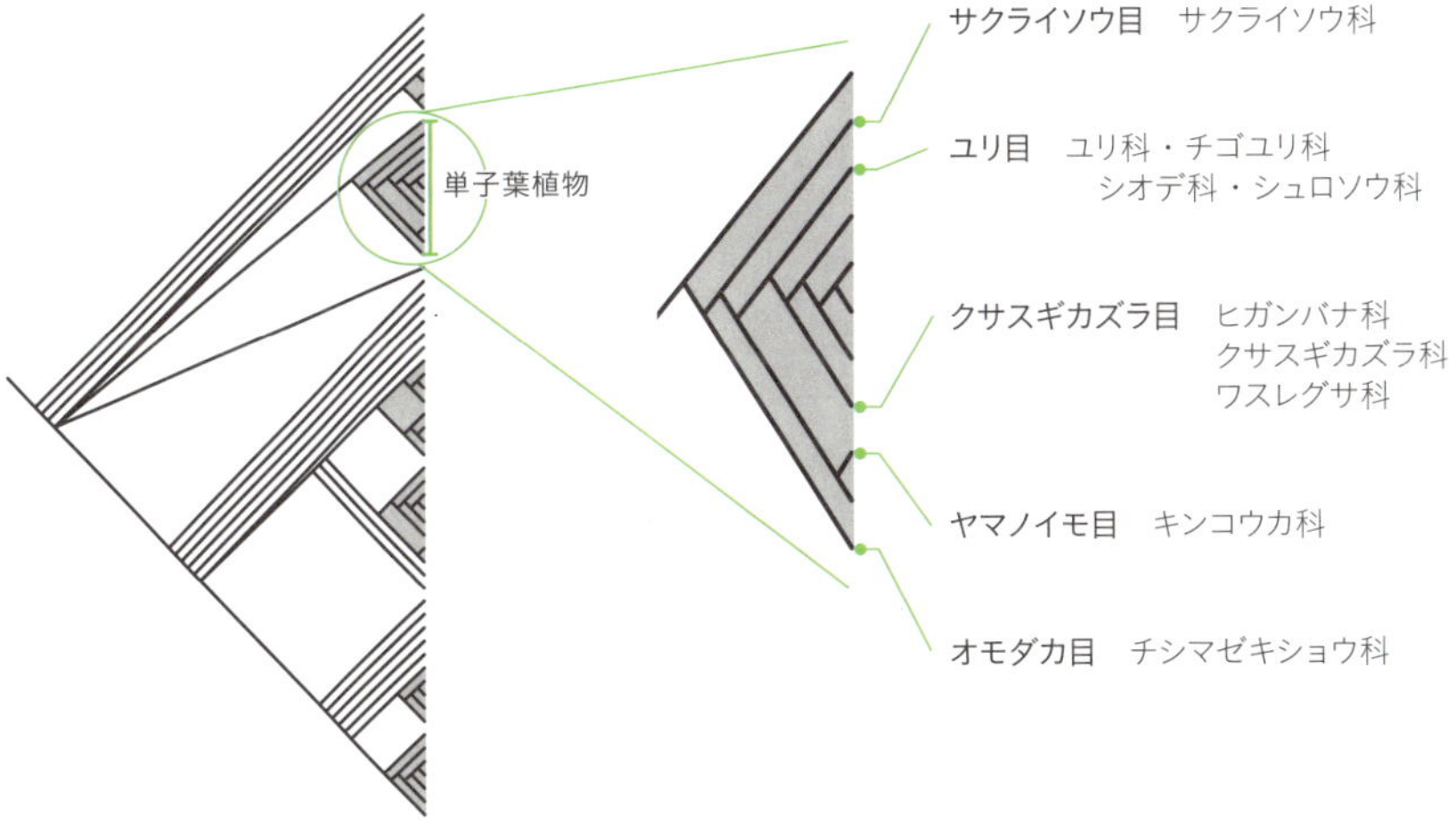

ヤマノイモ目
6. キンコウカ科(ノギラン)

クサスギカズラ目
7. ヒガンバナ科(ネギ)、
8. クサスギカズラ科(ヤブラン)、
9. ワスレグサ科(ノカンゾウ)

COLUMN

ユリ科から移動した意外な植物①——ワスレグサ

典型的な「百合の花」は、テッポウユリやヤマユリのように、ほぼ同型の六枚の長い花被が六本の雄しべと一本の雌しべを包むというものだろう。実際、テッポウユリが属するユリ属はAPGでもユリ科にとどまっている。

従来のユリ科には、典型的なユリの花とは異なった形の花を咲かせるものも多く、ユリ科が多様な分類群の寄せ集めという印象を与えてきた。その中において、ワスレグサ属（*Hemerocallis*）は、里山に普通に見られるノカンゾウやキスゲ、高原で群生するニッコウキスゲなど、典型的なユリ型の花を咲かせるため、DNA解析でもユリ科にとどまるものと思われていた。ところが、APGⅢにおいて、ワスレグサ属はユリ科どころかユリ目からも飛び出し、クサスギカズラ目のワスレグサ科に含まれている。

APGⅣでは、科の学名はAsphodelaceaeに変わってしまったが、APGⅢのワスレグサ科の学名はXanthorrhoeaceaeで、オーストラリアに自生するススキノキ（*Xanthorrhoea*）に由来する。ススキノキは残念ながら日本には生育しないが、名前の通りススキに似た葉を持ち、長期間にわたって生き続け、基部は木質化する。ススキノキでは、多くの地味な花が棒状の花序に開花し、ワスレグサとは似ても似つかない。APGで多くの植物の所属が変わったが、ワスレグサとススキノキの関係は非常に意外なものの一つである。

1. 典型的なユリ科ユリ属の花。
2. クサスギカズラ目ワスレグサ科ススキノキ属。オーストラリアに28種が分布する。
3. ワスレグサ科の *Bulbinella floribunda*。キスゲ（ワスレグサ属）とススキノキの中間的な花序形態を示す。
4. クサスギカズラ目ワスレグサ科ワスレグサ属のトビシマカンゾウ。花はユリ属に似ている。

COLUMN

ユリ科から移動した意外な植物② ――ギボウシ

ギボウシは湿地や渓谷で涼しげな花を咲かせる草本である。日本に生育していたギボウシは外国で品種改良され、現在では属名 *Hosta* をそのままカタカナで表記したホスタという名で流通している。

ギボウシも典型的な百合花タイプの花を咲かせるが、APG体系ではユリ科やユリ目から離れ、クサスギカズラ目クサスギカズラ科に含まれている。

クサスギカズラ科にはリュウゼツランも所属している。湿地や渓流に生育するギボウシと乾燥地で壮麗な花序を伸ばすリュウゼツラン、まったく違っているようにも見えるが、同じ科だと思いながら観察すると、輪状に根生する葉や花序を形成することなど、似ていなくもない。日本でも普通に植栽されているユッカになるとさらにギボウシに類似している印象を受ける。

ちなみに、クサスギカズラ科には、アスパラガスやツルボ、ヒアシンス、スズラン、オモト、アマドコロなど、多種多様な植物が含まれていて（それらの多くはユリ科から移動してきた）、かつてのユリ科の多様さが再現されているかのようである。

旧ユリ科からクサスギカズラ科に移動した植物。
1. ギボウシ属（オオバギボウシ）、**2.** リュウゼツラン属（アオノリュウゼツラン）、**3.** ユッカ属（ユッカ）、**4.** スズラン属（スズラン）

他の従来の分類体系でユリ科に含まれていた植物群もいくつかの科に再編成され、日本に自生する植物では、ユリ科、クサギカズラ科、チゴユリ科、シュロソウ科、キンコウカ科、チシマゼキショウ科、ワスレグサ科という科に分離されている。ＡＰＧ体系でのユリ科の属数は減少し、日本産の植物では、ユリ属やカタクリ属、ホトトギス属など一〇属に減少している。

ワスレグサ科は、ニッコウキスゲなどのワスレグサ属が入る科であるが、この科はススキノキ属（*Xanthorrhoea*）やアロエ属（*Aloe*）などがまとめられたものである。科の学名はXanthorrhoeaceaeであるが、ススキノキは日本でなじみがない植物なので、ここでは科名にワスレグサ科を採用した（ＡＰＧⅣでは、ワスレグサ科の学名はXanthorrhoeaceaeではなくAsphodelaceaeを使用している）。

統合されて消える科――なじみのある科名がなくなる

ここまで見てきたように、ＡＰＧ体系では新たな科がいくつも作られている。その一方で、スイカズラ科に完全に統合されたオミナエシ科やマツムシソウ科のように、なじみ深い科がなくなった例もいくつかある。ここでは、他の科に統合されて使われなくなった科を見ていく。

シキミ科（マツブサ科へ）

従来のシキミ科とマツブサ科はともに小さな科で、シキミ科は一属で木本植物、マツブサ科は二属でつる植物からなる植物群であった。分子系統学的解析では、この両科が近縁であることが明らかになった（図7）だけでなく、あまり形態的には似ていないオーストラリア産のアウストロバイレア属（アウストロバイレア科）とオセアニアに分布するトリメニア（トリメニア科）と単系統群をつくることも明らかになり、シキミ目にまとめられた。さらにシキミ目は、スイレン目に次ぐ被子植物基部の第三の分岐群であることも明らかになった。

本書では、目の基準名となった属の植物が日本に分布しておらず、またその目内に日本人になじみ深い植物が含まれるときには、その属名を目名として使用した。そのため、Austrobaileyales には「アウストロバイレア目」ではなく、「シキミ目」という名前を与えている。

図7　マツブサ科

マツブサ科

- **シキミ科**
  - シキミ属 *Illicium*
- **マツブサ科**
  - サネカズラ属 *Kadsura*
  - マツブサ属 *Schisandra*

イイギリ科（ヤナギ科へ、一部はアカリア科へ）

従来のイイギリ科は多系統であるという意見は以前からあった。分子系統学的に検討した結果、イイギリ科の一部は別系統であることが明らかになって、東南アジア産のダイフウシなどはアカリア科に移された。

また同時に、従来のヤナギ科が移動せずに残ったイイギリ科内の一群として含まれることが明らかになったため、両者は一つの科に統合された。科の名称はヤナギ科を用いることになったため、イイギリ科は消滅した（図8）。

旧イイギリ科に含まれていた植物は、花の形態は旧ヤナギ科とはあまり似ていないが、葉の形態や、サリシンという化学成分を含むことなどの共通点も見られる。

図8　ヤナギ科

ヤナギ科

- ヤナギ科
  - ドロノキ属 *Populus*
  - ヤナギ属 *Salix*
- イイギリ科
  - イイギリ属 *Idesia*
  - トゲイヌツゲ属 *Scolopia*
  - クスドイゲ属 *Xylosma*

アカザ科（ヒユ科へ）

従来のヒユ科およびアカザ科はそれぞれほぼ単系統群で、それぞれ特徴のある植物群であるが、旧ヒユ科に所属していたポリクネマム属（*Polycnemum*）とニトロフィラ属（*Nitrophila*）が、他の両科を合わせた群の基部で分岐しているため、APG体系では、アカザ科はヒユ科に統合された（図9、10）。

図9　ヒユ科

ヒユ科

- ヒユ科
  - イノコヅチ属 *Achyranthes*
  - ヒユ属 *Amaranthus*
  - イソフサギ属 *Blutaparon*
  - インドヒモカズラ属 *Deeringia*
- アカザ科
  - ハマアカザ属 *Atriplex*
  - ホウキギ属 *Bassia*
  - アカザ属 *Chenopodium*
  - アッケシソウ属 *Salicornia*
  - オカヒジキ属 *Salsola*
  - マツナ属 *Suaeda*

他のヒユ科の属、およびアカザ科の植物の間のくいちがいは見られないため、上記の二属を別の科とすれば良いという意見もある。なお、両属ともに日本には分布しない。

ハマザクロ科、ヒシ科（ミソハギ科へ）

ハマザクロ科とヒシ科は、ミソハギ科へ統合される。これは、従来のミソハギ科の系統の中に、ハマザクロ科とヒシ科が含まれてしまうからである。系統関係としては、ハマザクロ属とヒシ属が単系統となり、サルスベリ属などに近縁である。日本に野生種はないが、果物として身近なザクロも、従来はザクロ科として扱われていたが、ミソハギ科に入れられている（図11、12）。

カエデ科、トチノキ科（ムクロジ科へ）

日本人にとってかなり衝撃的なことに、なじみ深いカエデ科やトチノキ科は消えてしまった。カエデ科とトチノキ科は、APGⅠからムクロジ科に統合された（図13）。その理由は、ムクロジ科に入れられていた中国原産のブンカンカ（文冠果、*Xanthoceras*

図10 旧ヒユ科と旧アカザ科の関係

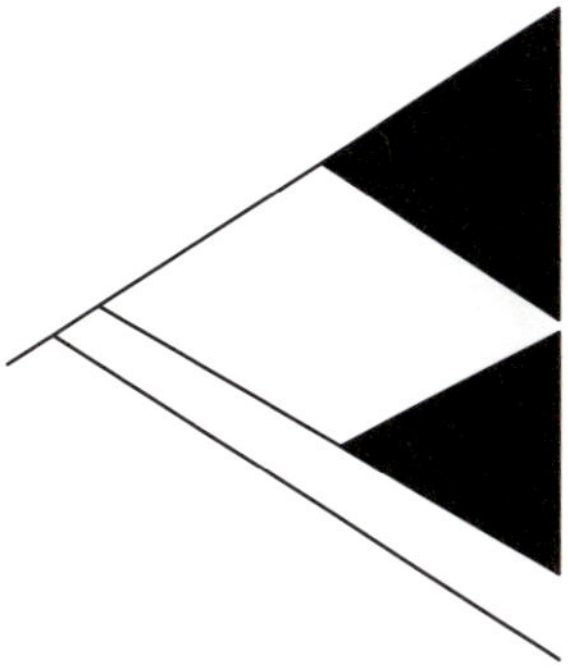

図11 ミソハギ科

ミソハギ科

ミソハギ科
- ヒメミソハギ属 *Ammannia*
- サルスベリ属 *Lagerstroemia*
- ミソハギ属 *Lythrum*
- ミズガンピ属 *Pemphis*
- キカシグサ属 *Rotala*

ハマザクロ科
- ハマザクロ属 *Sonneratia*

ヒシ科
- ヒシ属 *Trapa*

sorbifolium）がカエデ科とトチノキ科と他のムクロジ科植物を合わせた群の外側に来ることで、これら全部をムクロジ科として扱うようになっている（図14）。しかし、従来のカエデ科とトチノキ科およ

図12　ミソハギ科内の属の系統関係

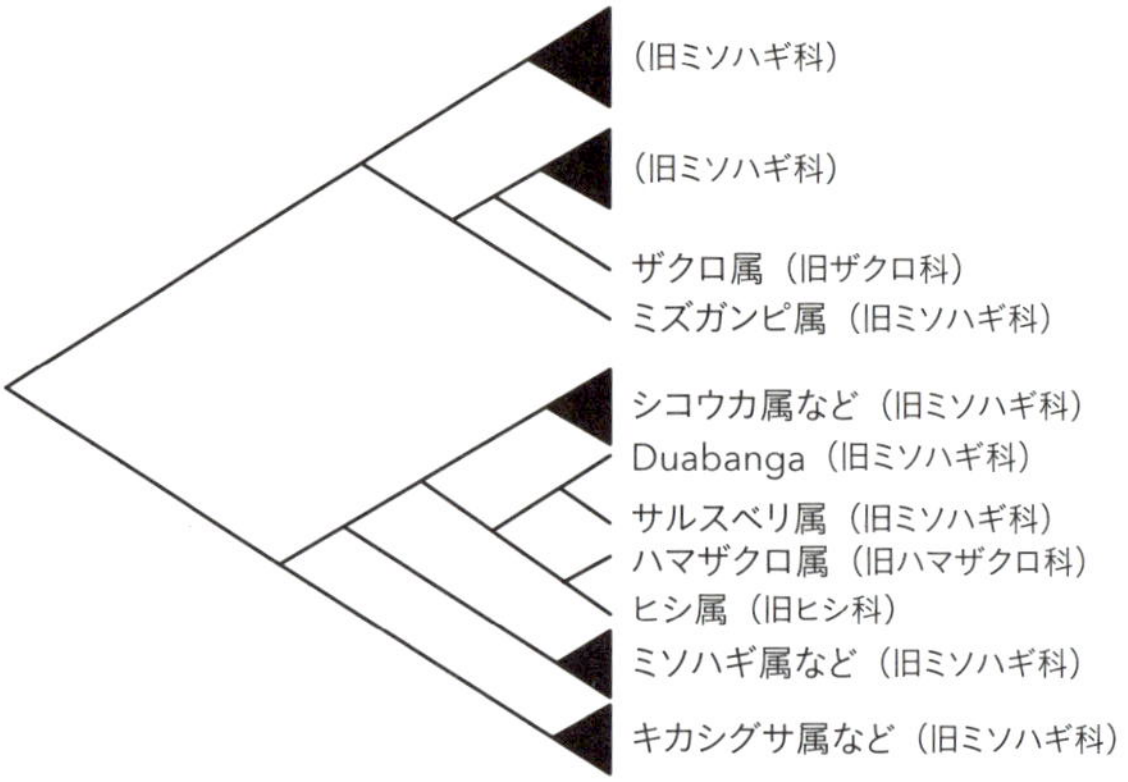

図14　旧ムクロジ科、旧カエデ科、旧トチノキ科の系統関係

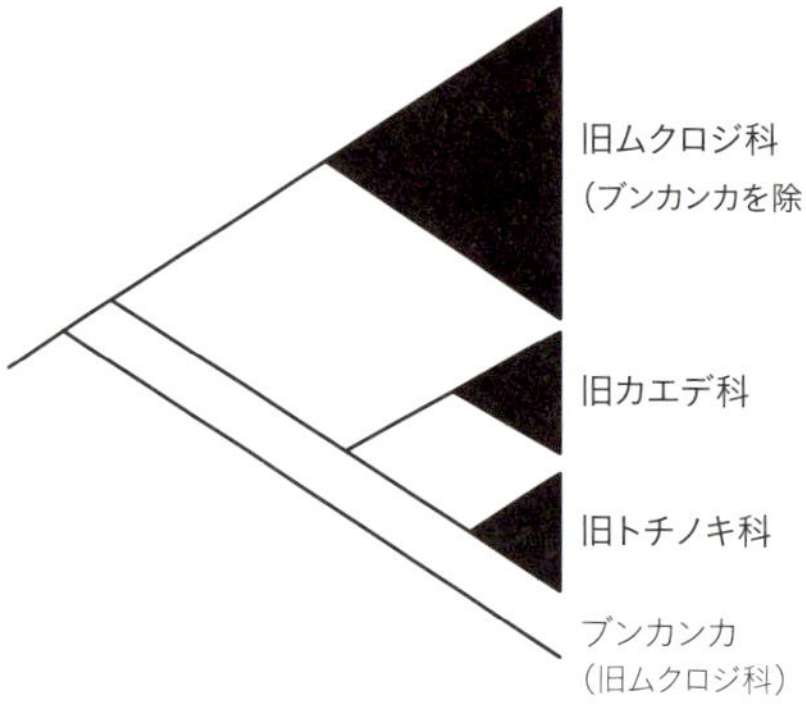

図13　ムクロジ科

ムクロジ科

ムクロジ科
アカギモドキ属 *Allophylus*
ハウチワノキ属 *Dodonaea*
ムクロジ属 *Sapindus*

カエデ科
カエデ属 *Acer*

トチノキ科
トチノキ属 *Aesculus*

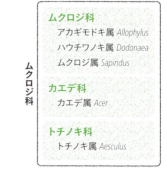

びブンカンカを除いたムクロジ科はそれぞれ独立した植物群であることも明らかになってきている。また、APG体系のムクロジ科を特徴付けるような形態形質に乏しいため、ブンカンカをブンカンカ科（Xanthoceraceae）として独立させ、カエデ科、トチノキ科、ムクロジ科を認めた方がよいという意見も出されているが、最新版であるAPGⅣでも変更がなく、カエデ科、トチノキ科はムクロジ科に統合されている。

イチヤクソウ科、シャクジョウソウ科、ガンコウラン科（ツツジ科へ）

ツツジ科は大きな科であり、クロンキスト体系では約一二五属、三五〇〇種を含む。ツツジ科も近縁の科との系統関係が明らかになると、従来区別されていたいくつかの科が、その内部に含まれることがわかってきた。高山植物として知られるガンコウランはガンコウラン科として分けられていたが、分子系統解析の結果ツツジ亜科に入るものであ

図15 ツツジ科

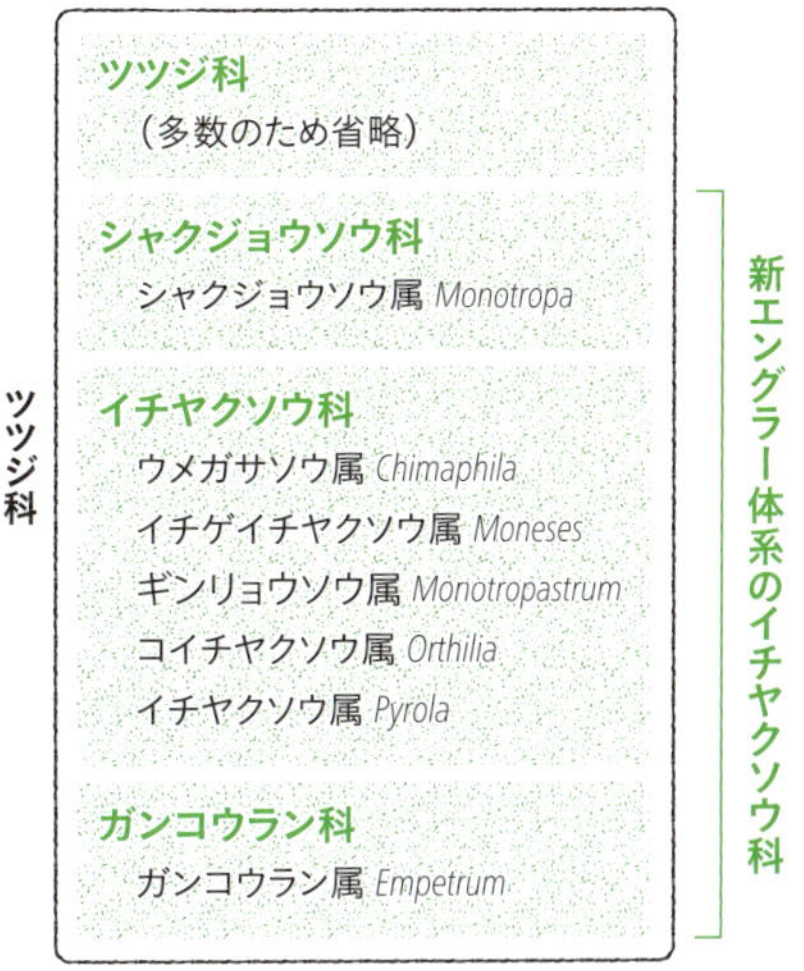

図16 ツツジ科内の属の系統関係

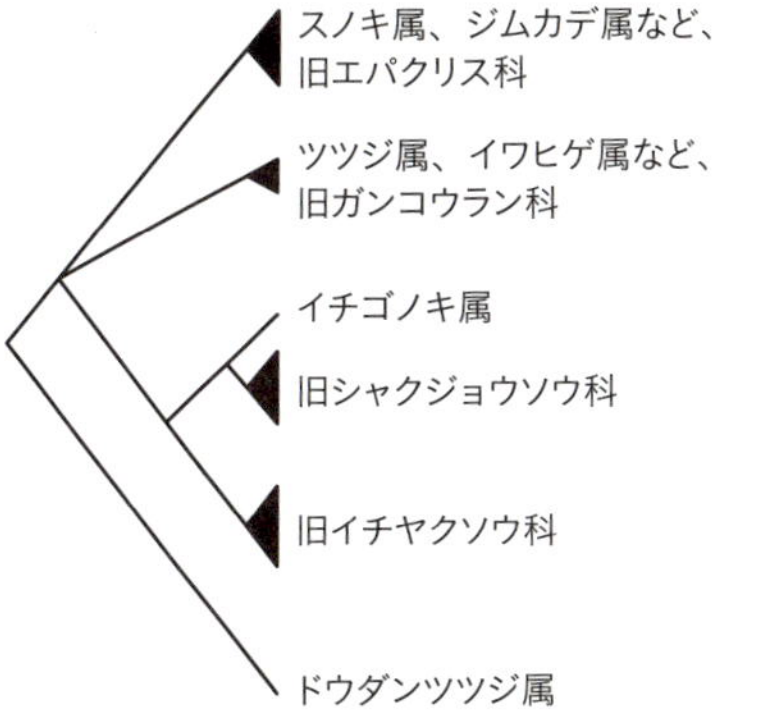

ることが明らかになった。また、南半球を中心に分布し、日本には野生種がないエパクリス科はスノキ亜科に近縁であることがわかった。さらに、菌従属栄養植物であり、植物体が白いため「ユウレイタケ」とも呼ばれるギンリョウソウや光合成も行うイチヤクソウも、ツツジ科の中に含まれてしまう。分子系統樹では、従来のツツジ科の中で、ドウダンツツジの仲間（ドウダンツツジ亜科）が最初に分化し、その後、イチヤクソウなどが分かれたという系統関係になっているためである。クロンキストはシャクジョウソウをイチヤクソウ科から分離して独立の科としたが、シャクジョウソウもツツジ科の中に入り、イチゴノキと近縁であることがわかっている（図15、16）。

ヤブコウジ科（サクラソウ科へ）

ヤブコウジ科がサクラソウ科に入れられて、科名が消えるのも結構衝撃的である（図17）。

サクラソウ科は草本植物が主な科であり、ヤブコウジ科は木本やつる植物を中心とした科である。両者は、草か木かで分けられてきた科であるが、木本から草本への進化は何度も起こっていて、系統を反映しているとはいえない。衝撃的な印象とは裏腹に、木か草かを根拠に分けられていた両科が統合されたのは、いわば当然のことであった。

図17　サクラソウ科

サクラソウ科

サクラソウ科
トチナイソウ属 *Androsace*
サクラソウモドキ属 *Cortusa*
オカトラノオ属 *Lysimachia*
サクラソウ属 *Primula*
ハイハマボッス属 *Samolus*
ホザキザクラ属 *Stimpsonia*

ヤブコウジ科
ヤブコウジ属 *Ardisia*
イズセンリョウ属 *Maesa*
タイミンタチバナ属 *Myrsine*

ガガイモ科（キョウチクトウ科へ）

ガガイモ科は主に草本か低木でつる性の植物が多く、木本植物が多いキョウチクトウ科と区別されてきた。しかし系統解析の結果、従来のガガイモ科はほぼ単系統であるが、キョウチクトウ科の中の一系統群であることが明らかになったため、ガガイモ科はキョウチクトウ科に統合された（図18）。

シナノキ科、アオギリ科（アオイ科へ）

従来のアオイ科自体はほぼ単系統で大きな問題はなかったが、アオイ科に近縁なアオギリ科、シナノキ科、パンヤ科はすべて多系統であった。

シナノキ科ではシナノキを含む群とラセンソウを含む群は別の系統であった。アオギリ科も、カカオやノジアオイの群、アオギリとゴジカの群は、サキシマスオウノキを含む他のアオギリ科の群とは別系統であった。しかも、アオギリ科のカカオの群とシナノキ科のラセンソウの群が近縁であるなど、両科で認識された系統群を科をまたいで再編成する必要が生じた。このように複雑な系統関係があるため、すべてをアオイ科として、その中に認識され

図18　キョウチクトウ科

キョウチクトウ科

キョウチクトウ科
- チョウジソウ属 *Amsonia*
- サカキカズラ属 *Anodendron*
- バシクルモン属 *Apocynum*
- ミフクラギ属 *Cerbera*
- シマソケイ属 *Ochrosia*
- ホウライカガミ属 *Parsonsia*
- テイカカズラ属 *Trachelospermum*
- ゴムカズラ属 *Urceola*

ガガイモ科 Urceola
- トウワタ属 *Asclepias*
- イケマ属 *Cynanchum*
- マメヅタカズラ属 *Dischidia*
- ホウライアオカズラ属 *Gymnema*
- サクララン属 *Hoya*
- シタキソウ属 *Jasminanthes*
- キジョラン属 *Marsdenia*
- ガガイモ属 *Metaplexis*
- オオカモメヅル属 *Tylophora*
- カモメヅル属 *Vincetoxicum*

る単系統群を九亜科とした（図19、20）。

イトクズモ科（ヒルムシロ科へ）

イトクズモ属の植物は葉が糸状となり、花は水中で咲き、受粉も水中で行う。このような独自の特徴のため、従来はイトクズモ科という独立科として扱われてきた。しかし系統関係からは、ヒルムシロ科内に入るか、あるいは従来のヒルムシロ科全体の姉妹群であることが明らかにな

図19　アオイ科

アオイ科

アオイ科
- トロロアオイ属 *Abelmoschus*
- イチビ属 *Abutilon*
- フヨウ属 *Hibiscus*
- キンゴジカ属 *Sida*
- サキシマハマボウ属 *Thespesia*
- ボンテンカ属 *Urena*

シナノキ科
- カラスノゴマ属 *Corchoropsis*
- ウオトリギ属 *Grewia*
- シナノキ属 *Tilia*
- ラセンソウ属 *Triumfetta*

アオギリ科
- アオギリ属 *Firmiana*
- サキシマスオウノキ属 *Heritiera*
- フウセンアカメガシワ属 *Kleinhovia*
- ノジアオイ属 *Melochia*

図20
アオイ科の再編成

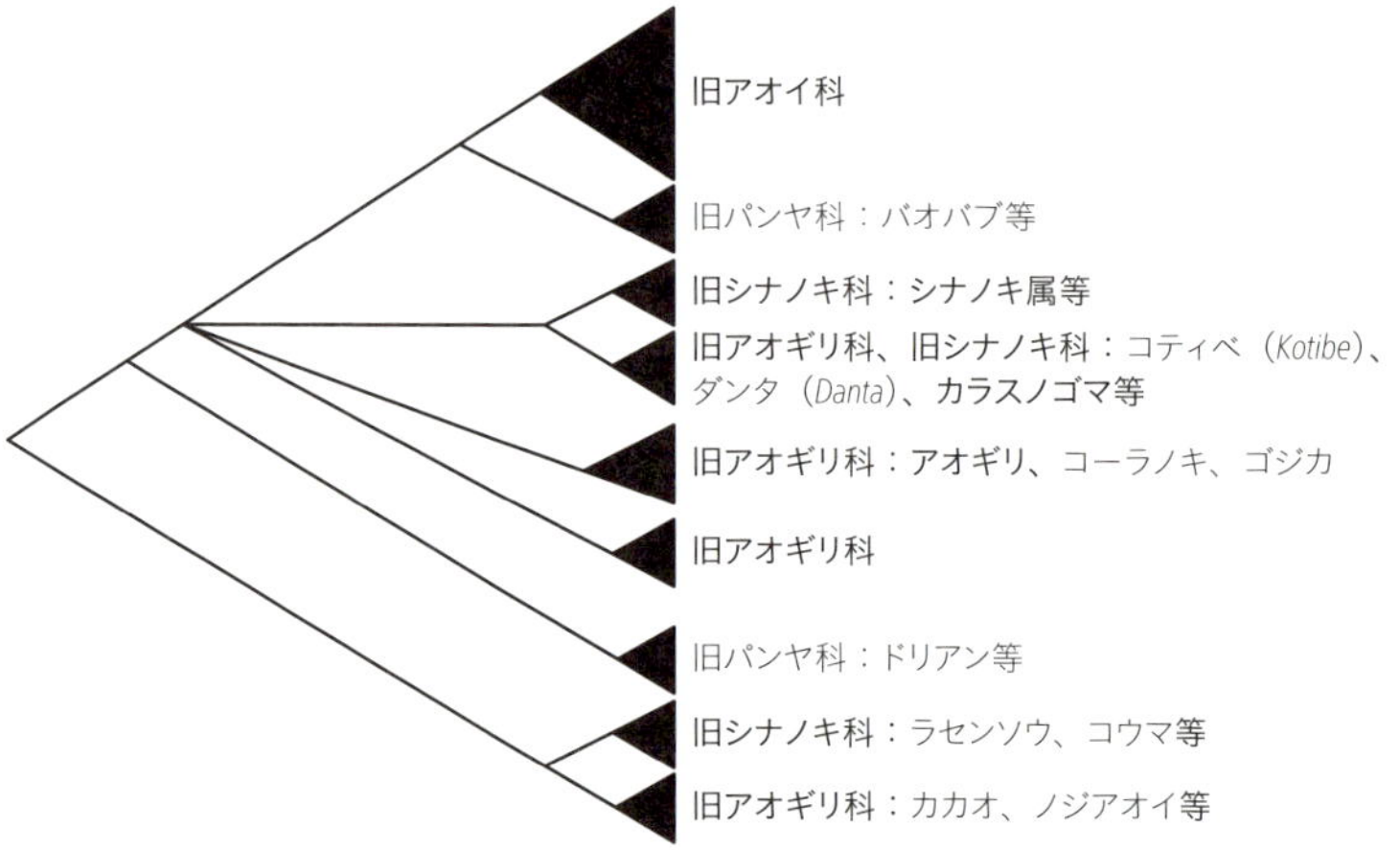

ったため、ヒルムシロ科に統合された（図21）。

ミクリ科（ガマ科へ）

旧ミクリ科と旧ガマ科はそれぞれミクリ属とガマ属の一属のみを含む科であった。系統的には近縁でありAPGⅣではミクリ属をガマ科に含めている（図22）が、両者を一つの科とする積極的な理由はない。実際、以前のAPGⅡでは、それぞれ独立した科として扱っていた。

シラネアオイ科

シラネアオイは一属一種の植物で、属として日本固有である。シラネアオイ科は、クロンキスト体系、新エングラー体系ともに独立の科として認められていない。シラネアオイは伝統的にはキンポウゲ科に含められていたが、スウェーデンの植物学者ダールグレン（1932～1987）の分類体系などで、しばしばシラネアオイは独立の科として認められてきた。さらに花の形態の類似から、系統的にはボタン科に近縁とする説もあった。分子系統学的解析により、キンポウゲ科の基部で分かれたことがわかり、APG体系ではキンポウゲ科に含められている。

図21 ヒルムシロ科

図22 ガマ科

分割される科——新たな科の登場

ジュンサイ科とスイレン科

古典的には、ハスはスイレン科に含まれていた。ハスとスイレンは、両者ともに水生植物であり、多数の花弁や雄しべを持つ大型の花を持つことなどから、文化的にも混同されることが多かった。しかし、雌しべの特徴など、異なる点も多いことから、クロンキスト体系ではハスはハス科としてスイレン科から分けられていた。分子系統学的解析でもハス科を分離することは支持され、しかもスイレン科は基部被子植物に、ハス科は真正被子植物に属することが明らかになった。APG体系では、旧スイレン科の中で、雌しべを複数持つ（離生心皮を持つ）植物をジュンサイ科として別の科としている（図23、24）。この扱いの理由は、旧スイレン科が単系統ではないからではなく、花の構造が大きく異なる点が重視されたものと思われる。ちなみにスイレン科とジュンサイ科が入るスイレン目

図23
ジュンサイ科とスイレン科

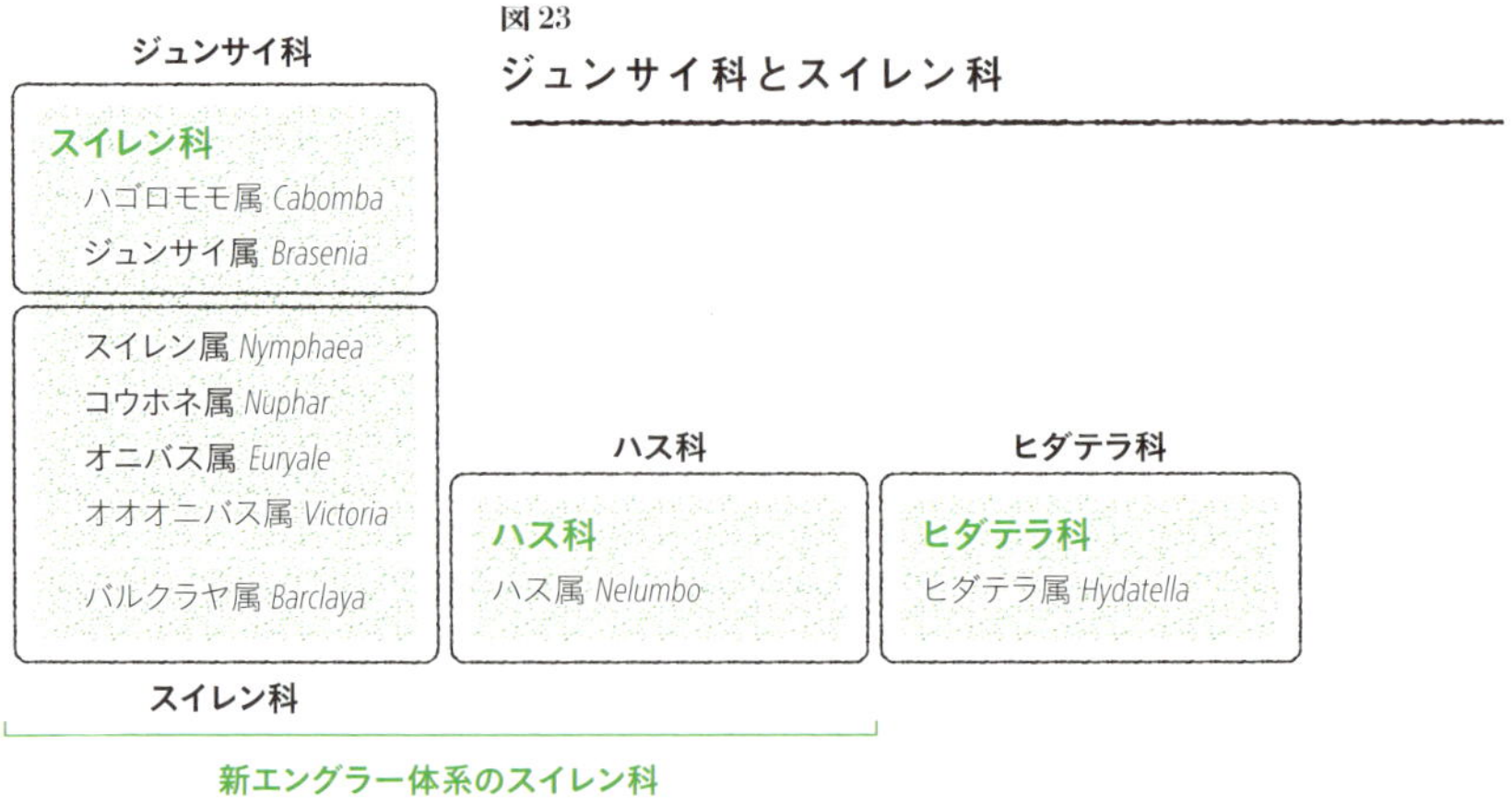

は、現生の被子植物においてアンボレラに次いで二番目に分かれた植物群である。このスイレン目には、従来の分類体系で単子葉植物に入れられていたヒダテラ科も入ることが明らかになっている。

トウダイグサ科とミカンソウ科

伝統的なトウダイグサ科は、多様な系統の植物を含んでいたが、その後の研究成果を取り込むことによりクロンキスト体系でかなり整理が進んだ。しかし、分子系統学的解析の結果、ミカン

（72ページに続く）

図24
旧スイレン科内の系統関係

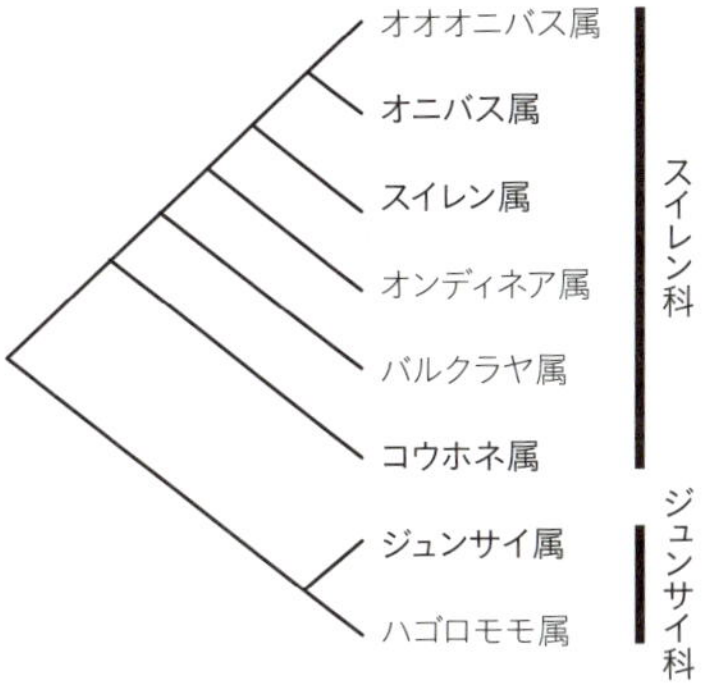

図25
トウダイグサ科とミカンソウ科

トウダイグサ科	**トウダイグサ科** エノキグサ属 *Acalypha* アミガサギリ属 *Alchornea* ニシキソウ属 *Chamaesyce* セキモンノキ属 *Claoxylon* グミモドキ属 *Croton* エノキフジ属 *Discocleidion* トウダイグサ属 *Euphorbia* シマシラキ属 *Excoecaria* オオバギ属 *Macaranga* アカメガシワ属 *Mallotus* ヤンバルアカメガシワ属 *Melanolepis* ヤマアイ属 *Mercurialis* シラキ属 *Neoshirakia*
ミカンソウ科	ヤマヒハツ属 *Antidesma* アカギ属 *Bischofia* マルヤマカンコノキ属 *Bridelia* ヒトツバハギ属 *Flueggea* アカハダコバンノキ属 *Margaritaria* ミカンソウ属 *Phyllanthus*
ツゲモドキ科	ハツバキ属 *Drypetes* ツゲモドキ属 *Putranjiva*

COLUMN

植物界のスキャンダル、ヒダテラ科

ヒダテラ科（Hydatellaceae）はオーストラリアからインドに二属一〇種が生育する小型の草本である。一見、単子葉植物のホシクサやカヤツリグサに似ていることから、これまでイネ目の植物として扱われたり、あるいは、クロンキスト体系では単子葉類中で独自のヒダテラ目とされていた。しかし、形質を詳細に検討すると、ヒダテラはイネ目や単子葉類には知られていない特異的な形質も保持しており、ヒダテラを単子葉類に位置づけるのには問題があると考えられてきた。

その後、DNA塩基配列情報をもとに、ヒダテラ科はトウエンソウ科に近縁であることが明らかになった。トウエンソウ科はイネ目であり、カヤツリグサ科とも近縁である。外部形態から受ける印象と分子系統解析の結果は一致しているかに思われた。

ところが、このときに解読されたDNA断片は、サンプル中に混在していたイネ科植物と蘚類のDNAが遺伝子増幅中に融合したものであったようだ。慎重に再解析したところ、ヒダテラは単子葉類という大きな分類群を飛び出し、基部被子植物の一つであるスイレン目に含まれることが判明した。一般に、イネ目とスイレン目の植物は形態が大きく異なる。ヒダテラがスイレン目に含まれるのは実に大きな驚きであった。

ヒダテラは小さくて地味ではあるが、外見の印象と大きくかけ離れた系統的な位置といい、それが明らかになった過程といい、スキャンダラスな植物なのだ。最近はアクアリウム用の植物とし

て販売されているようだが、いつかは自生地で見てみたいものである。

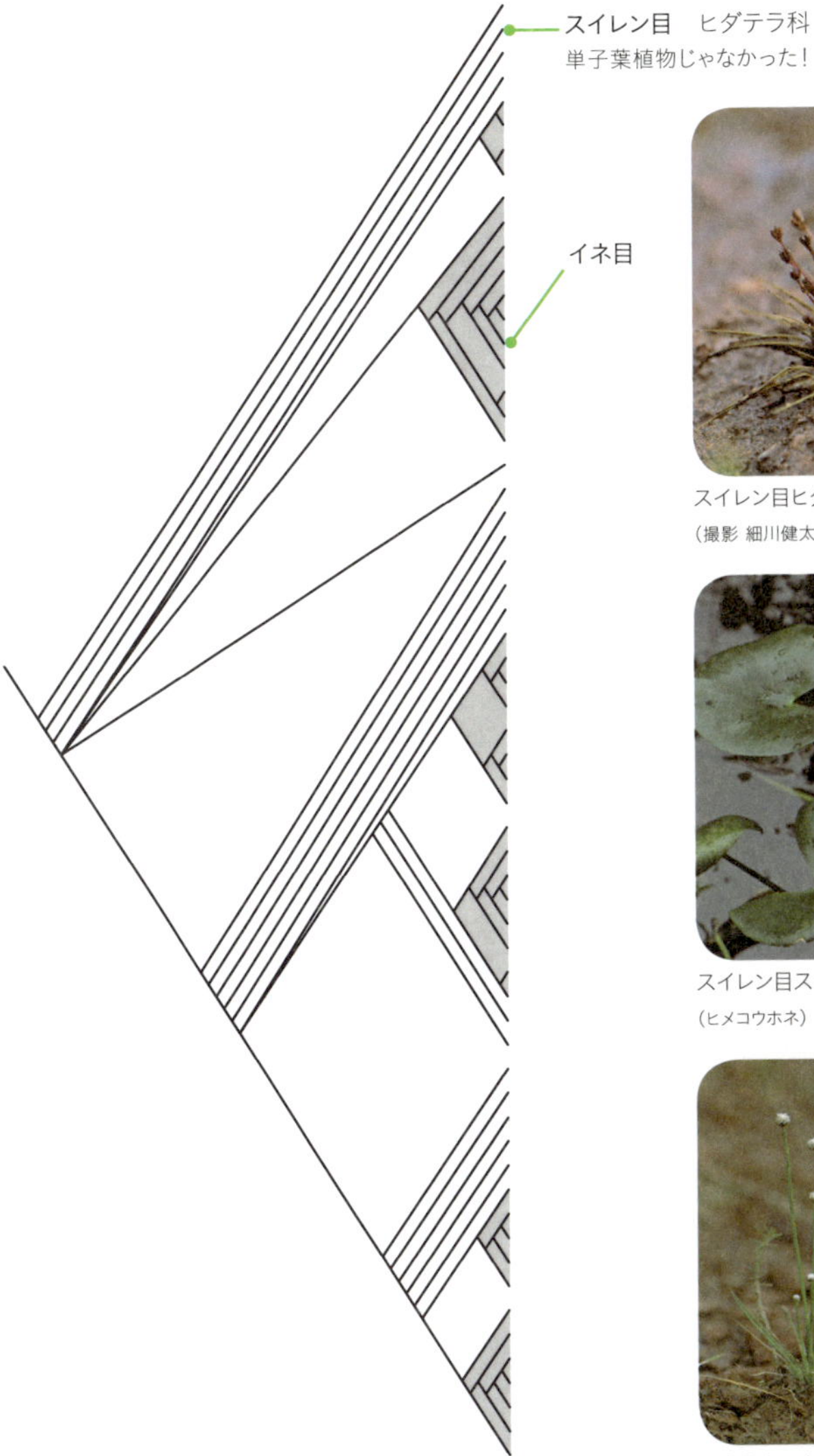

スイレン目ヒダテラ科トリツリア属
（撮影 細川健太郎）

スイレン目スイレン科コウホネ属
（ヒメコウホネ）

イネ目ホシクサ科ホシクサ属

（69ページから続く）

ソウ属などは、トウダイグサ属の系統よりも、アマ科の系統により近縁であることが明らかになり、APG体系ではミカンソウ科とピクロデンドロン科が旧トウダイグサ科から分離された（図26）。

また、ハツバキ属とツゲモドキ属はツゲモドキ科として分離された（図25）。この科は他の旧トウダイグサ科と同じキントラノオ目に入るが、APG体系ではトウダイグサ科やミカンソウ科とは異なる系統群に属している（一〇七ページの系統樹を参照）。

ツバキ科とサカキ科

伝統的なツバキ科は、ツバキ属など他に、モッコク属とサカキ属、ヒサカキ属などを含んでいた。しかし系統解析の結果、モッコク属とサカキ属、ヒサカキ属などはツバキ属やナツツバキ属などとは異なった系統であることが明らかになった。これらの植物は、東南アジア産の一属一種からなるペンタフィラックス科に近縁であることが明らかになった。そのため、これらはペンタフィラックス科に統合されることになった。科の学名は Pentaphylacaceae であるが、ここでは日本語の科名としてサカキ科を使用している（モッコク科と呼ばれることもある。図27）。

図27　ツバキ科とサカキ科

ツバキ科	ツバキ科 ツバキ属 *Camellia* ヒサカキサザンカ属 *Pyrenaria* ヒメツバキ属 *Schima* ナツツバキ属 *Stewartia*
サカキ科	ナガエヒサカキ属 *Adinandra* サカキ属 *Cleyera* ヒサカキ属 *Eurya* モッコク属 *Ternstroemia*

図26　旧トウダイグサ科内の系統関係

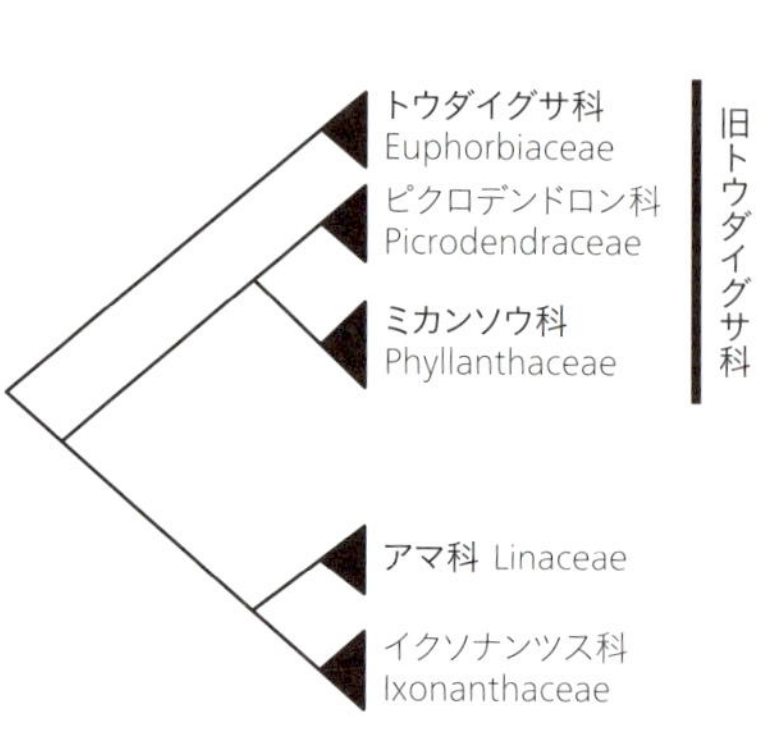

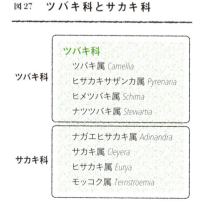

ラフレシア科とヤッコソウ科

ヤッコソウは、葉緑体を持たない完全に寄生性の植物である。ヤッコソウ属は、従来の分類体系では、同じく寄生植物からなるラフレシア科に入れられていた。分子系統解析の結果、ラフレシアなどとは異なる系統であることが明らかになり、APG体系では独立の科とされた（二二ページも参照）。余談になるが、被子植物全体の分子系統解析によく使われる葉緑体DNAは、寄生植物では大きく変異しており、系統関係を推定するのが困難であった。しかし、葉緑体DNAの詳細な解析や核DNAを用いた解析の結果系統的位置が明らかになり、APG体系ではツツジ目に入れられている。

スベリヒユ科とヌマハコベ科

APG体系でも、APGⅡまではヌマハコベやハゼラン（帰化植物）はスベリヒユ科に含まれていた。しかし、APGⅢからは、これらの植物は、ヌマハコベ科とハゼラン科として独立させている。その結果、スベリヒユ科は、スベリヒユ属一属のみの科となっている（図28）。

図28 スベリヒユ科とヌマハコベ科

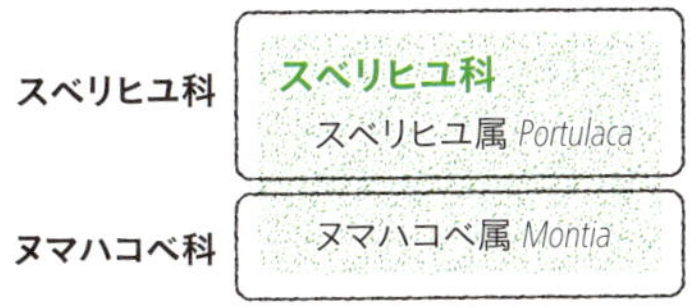

科の範囲が再定義される科

アサ科とニレ科

従来のニレ科は、ムクノキやエノキが含まれるエノキ亜科と、ニレ属が含まれるニレ亜科に分けられていた。分子系統解析の結果、エノキ亜科とニレ亜科は系統的に異なることが明らかになった。

新エングラー体系ではクワ科に含まれていたアサ属とカラハナソウ属は、クロンキスト体系では独立したアサ科とされていた。分子系統解析の結果、クロンキスト体系のアサ科は従来のニレ科エノキ亜科の系統の中に含まれることとなった（図30）。

これらのことから、旧アサ科を含むエノキ亜科はニレ科から出され、アサ科とされることとなった（図29）。

パラスポニア属（図30）は、マメ科ではないが、窒素固定を行う根粒菌と共生することが知られている。

図29　アサ科とニレ科

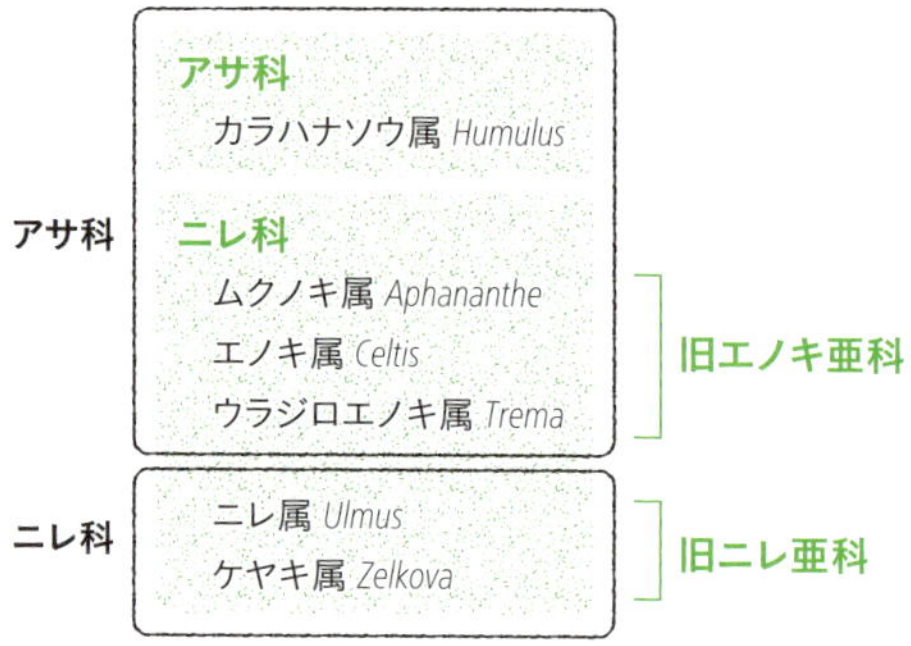

アサ科	**アサ科** カラハナソウ属 *Humulus*
	ニレ科 ムクノキ属 *Aphananthe*　旧エノキ亜科 エノキ属 *Celtis* ウラジロエノキ属 *Trema*
ニレ科	ニレ属 *Ulmus*　旧ニレ亜科 ケヤキ属 *Zelkova*

ビャクダン科、ヤドリギ科、オオバヤドリギ科

従来のビャクダン科、ヤドリギ科、オオバヤドリギ科はすべて寄生植物からなる科である。新エングラー体系で

はオオバヤドリギ科はヤドリギ科に含まれていたが、クロンキスト体系ではヤドリギ科から分離された。クロンキスト体系のヤドリギ科はビャクダン科の中から分化した系統であることがわかったため、ビャクダン科に統合されている（図31）。

図30　エノキ亜科の属の系統関係

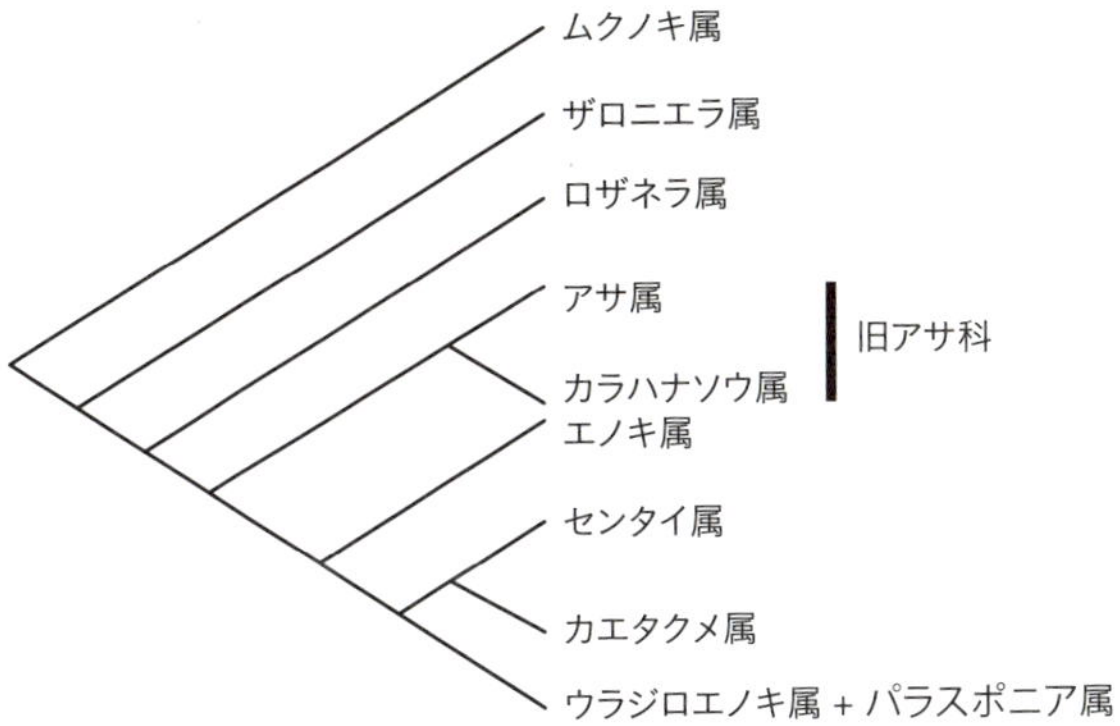

図31　ビャクダン科、ヤドリギ科、オオバヤドリギ科

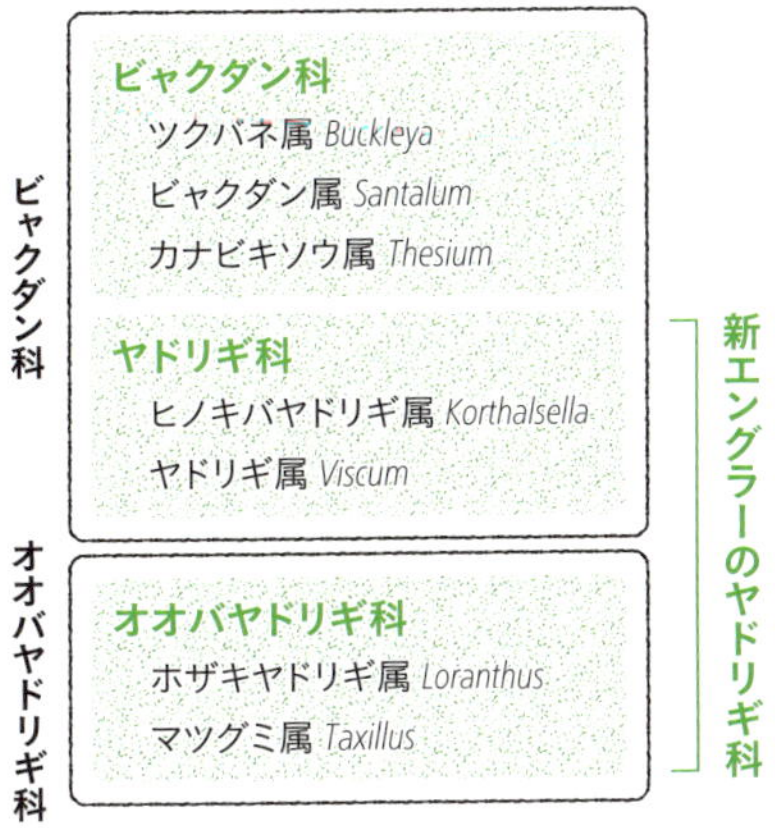

ミズキ科、ウリノキ科

ミズキ科も雑多な植物の寄せ集めであることが指摘されていた科であった。分子系統解析の結果を受け、ＡＰＧ体系では、日本産のミズキ科三属、アオキ属、ハナイカダ属、ミズキ属はすべて異なる科とされ、ミズキ科が属するミズキ目とは異なる目へ配置された。その他にも日本に分布しない四属がそれぞれ独立した科に分けられた。さらに従来の分類体系では別の科として認識されてきたウリノキ科が、ミズキ科内の系統に含まれることからミズキ科に統合された（図32）。

シソ科、キツネノマゴ科、クマツヅラ科

従来のクマツヅラ科に含まれていた植物も、いくつかの異なる科にバラバラにされた。ヒルギダマシ属はキツネノマゴ科に統合された。また、ムラサキシキブ属やクサギ属、ハマゴウ属などは、草本植物がほとんどであったシソ科に移籍することになった。このため、ＡＰＧ体系のシソ科は木本と草本植物の両者を含む科に再編された。その結果、日本産の植物ではクマツヅラ属とイワダレソウ属の二つのみがＡＰＧ体系のクマツヅラ科に含まれることになった（図33）。

図32　ミズキ科、ウリノキ科

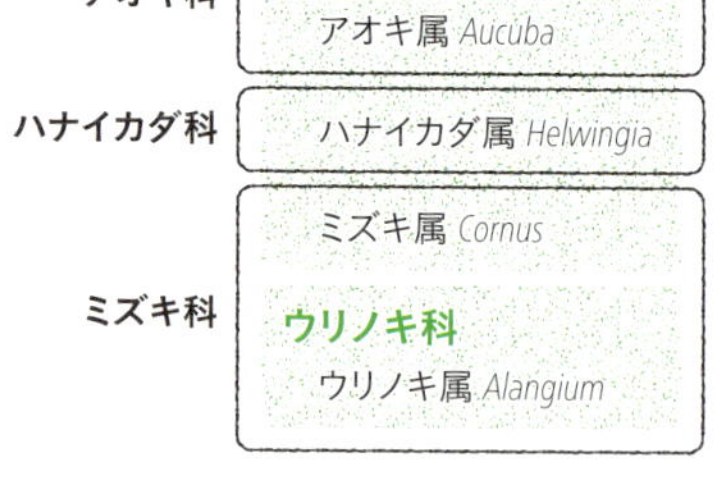

セリ科とウコギ科

セリ科とウコギ科も以前からその類縁を指摘されてきた科である。両者は特徴のある花序（散房状花序）を持つ草本植物と木本植物の科である。このような特徴から、属の所属は両科でばらばらになるかと思われたが意外に変更は大きくなく、セリ科からチドメグサの仲間のチドメグサ属とツボクサ属のみがウコギ科に移されるという小さな変更で済んでいる（図34）。

図33 シソ科、キツネノマゴ科、クマツヅラ科

キツネノマゴ科	キツネノマゴ科	アリモリソウ属 *Codonacanthus*
		ハグロソウ属 *Dicliptera*
		ミヤコジマソウ属 *Hemigraphis*
		オギノツメ属 *Hygrophila*
		キツネノマゴ属 *Justicia*
		ウロコマリ属 *Lepidagathis*
		ハグロソウ属 *Peristrophe*
		シマサギゴケ属 *Staurogyne*
		スズムシバナ属 *Strobilanthes*
		ゲッケイカズラ属 *Thunbergia*
	クマツヅラ科	ヒルギダマシ属 *Avicennia*
クマツヅラ科		イワダレソウ属 *Phyla*
		クマツヅラ属 *Verbena*
シソ科		ムラサキシキブ属 *Callicarpa*
		ダンギク属 *Caryopteris*
		クサギ属 *Clerodendrum*
		ハマクサギ属 *Premna*
		カリガネソウ属 *Tripora*
		ハマゴウ属 *Vitex*
		イボタクサギ属 *Volkameria*
	シソ科	（多数のため省略）

図34 セリ科とウコギ科

ウコギ科	ウコギ科	タラノキ属 *Aralia*
		コシアブラ属 *Chengiopanax*
		カクレミノ属 *Dendropanax*
		ウコギ属 *Eleutherococcus*
		ヤツデ属 *Fatsia*
		タカノツメ属 *Gamblea*
		キヅタ属 *Hedera*
		ハリギリ属 *Kalopanax*
		ハリブキ属 *Oplopanax*
		トチバニンジン属 *Panax*
		フカノキ属 *Schefflera*
	セリ科	ツボクサ属 *Centella*
		チドメグサ属 *Hydrocotyle*
セリ科		（以下多数のため省略）

ショウブ科とサトイモ科、ウキクサ科

ショウブは、サトイモ科に入れられていたが、二〇世紀の終わりに行われた単子葉植物の分子系統解析により、現生の単子葉植物で最も基部で分岐した植物であることが明らかになっていた。そのため、当然のようにショウブ科として独立させている。ウキクサの仲間も古くはサトイモ科に入れられていたことがあったが、その退化した植物体や花の特徴により、独立させられていたものである。系統関係を調べてみるとやはりサトイモ科の中に入れるべきものであることがわかり、再び統合された。

図35　旧ショウブ科、サトイモ科、ウキクサ科

ショウブ科

サトイモ科

ショウブ属 *Acorus*

サトイモ科

クワズイモ属 *Alocasia*
コンニャク属 *Amorphophallus*
テンナンショウ属 *Arisaema*
カイウ属 *Calla*
ハブカズラ属 *Epipremnum*
ミズバショウ属 *Lysichiton*
ハンゲ属 *Pinellia*
ボタンウキクサ属 *Pistia*
ユズノハカズラ属 *Pothos*
ヒメハブカズラ属 *Rhaphidophora*
ザゼンソウ属 *Symplocarpus*
リュウキュウハンゲ属 *Typhonium*

ウキクサ科

ヒメウキクサ属 *Landoltia*
アオウキクサ属 *Lemna*
ウキクサ属 *Spirodela*
ミジンコウキクサ属 *Wolffia*

図36　ショウブ科とサトイモ科の系統関係

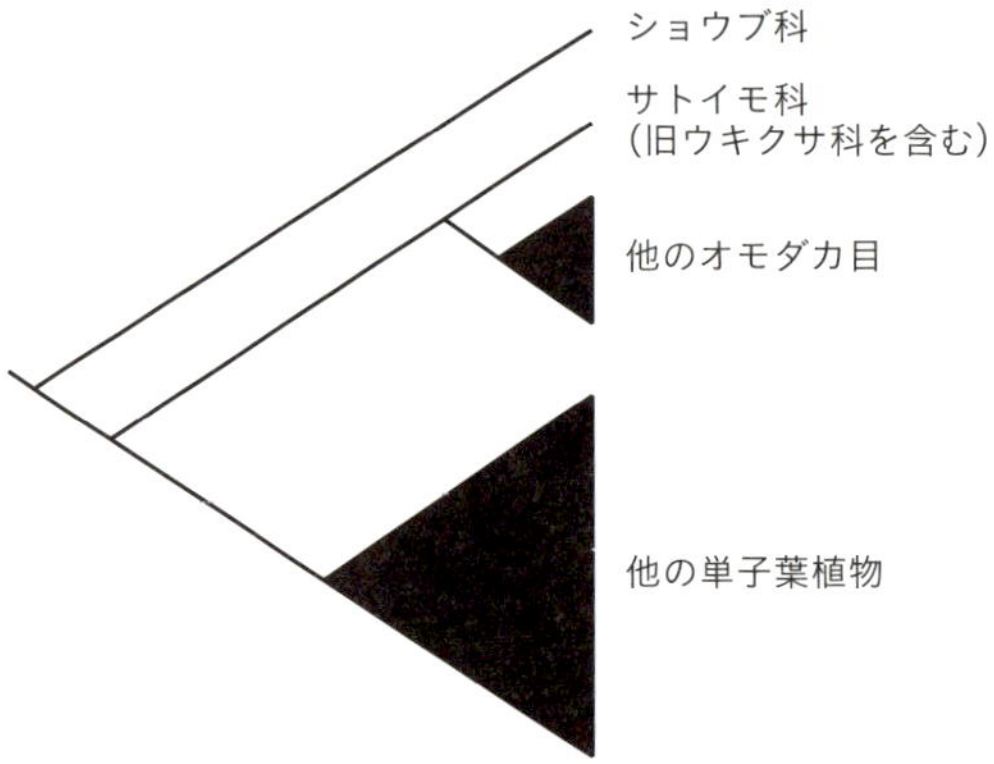

Chapter 3 APG分類体系の目で見る植物進化

目という分類階級を
意識することは少ないが、
ここに注目すると植物への理解が深まり、
新たな観察の楽しみが生まれる。

「目」という分類階級

生物の分類体系では、多数の分類群を系統関係に基づいて整理するために、種、属、科、目、綱、門、界という階級（rank、category）が用いられている。生物個体は、何らかの基準に基づいて種に分類される。種は共通祖先に由来する形質を共有する属にまとめられる。さらに、類縁の属は科に、科は目にと、入れ子状にまとめられていくが、上位階級になるほど注目する形質の抽象度は高くなり、直感的に共有形質を理解することは困難になる。

例えば、テッポウユリが含まれるユリ属には、ヤマユリ、ササユリ等が含まれる。これらはいずれも類似した花や植物体の構造を持ち、共通した祖先から種分化したものと容易に推測できる。ユリ属から階級を一つ上げてユリ科になると、ツバメオモト属、カタクリ属、ホトトギス属、タケシマラン属など、形質の幅は広くなる。さらにユリ目まで階級を上げると、シュロソウ科、チゴユリ科、シオデ科等も含み、目を構成する種を特徴づける共通した形質をあげるのは、それほど容易ではなくなる。花に注目すると、花弁とがく片がそれぞれ三枚である点が目内の植物で共通しているが、この形質はユリ目だけではなく、サクライソウ目、ヤマノイモ目、クサスギカズラ目の種にも見られるものである。実際、以前は外部形質が類似しているためにユリ目と考えられていた多くの種が、他の目に所属するものであったことが分子系統解析で判明している。

目には多様な形質の種が含まれるため、より抽象度の高い形質によって認識・識別せざるをえないが、抽象度

図1　APG分類体系の目の系統樹

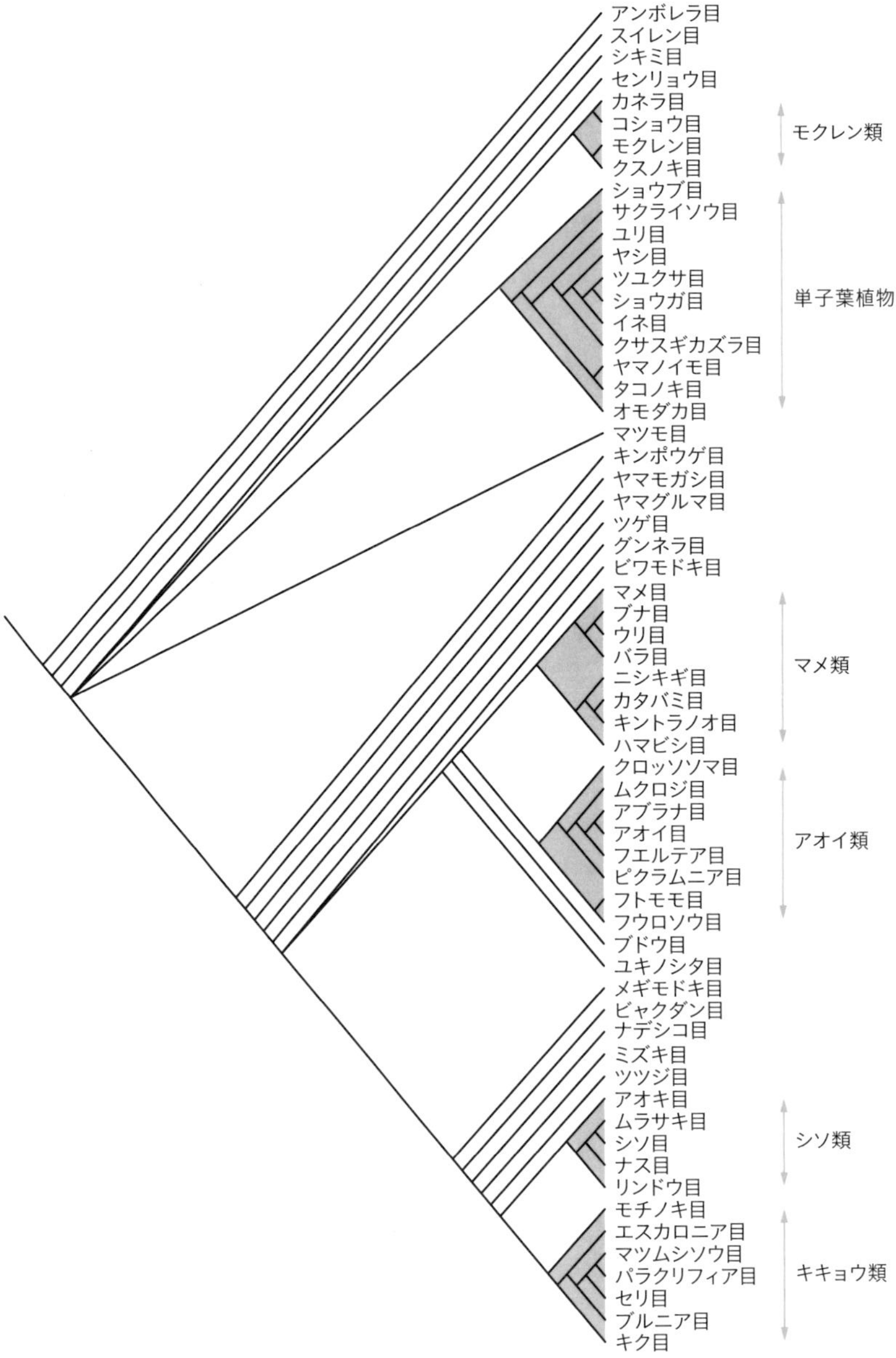
アンボレラ目
スイレン目
シキミ目
センリョウ目
カネラ目
コショウ目
モクレン目
クスノキ目
モクレン類
ショウブ目
サクライソウ目
ユリ目
ヤシ目
ツユクサ目
ショウガ目
イネ目
クサスギカズラ目
ヤマノイモ目
タコノキ目
オモダカ目
単子葉植物
マツモ目
キンポウゲ目
ヤマモガシ目
ヤマグルマ目
ツゲ目
グンネラ目
ビワモドキ目
マメ目
ブナ目
ウリ目
バラ目
ニシキギ目
カタバミ目
キントラノオ目
ハマビシ目
マメ類
クロッソソマ目
ムクロジ目
アブラナ目
アオイ目
フエルテア目
ピクラムニア目
フトモモ目
フウロソウ目
アオイ類
ブドウ目
ユキノシタ目
メギモドキ目
ビャクダン目
ナデシコ目
ミズキ目
ツツジ目
アオキ目
ムラサキ目
シソ目
ナス目
リンドウ目
シソ類
モチノキ目
エスカロニア目
マツムシソウ目
パラクリフィア目
セリ目
ブルニア目
キク目
キキョウ類

が高くなると、間違った前提のもとで「理路整然と大きく間違えて」しまう可能性が生じる。実際、種や属といった下位の階級に比べると、科や目などの上位階級は確固たる根拠に基づいた安定した分類群であるように思えるが、APG体系で外部形態の類似性に基づく従来の分類体系の誤りが正され、科や目の階級において大きく変化した分類群も少なくない。

このように、目を構成する分類群や目間の系統関係を外部形質から推測・理解することは容易ではないため、植物を観察するときに、目について考察する機会は少なかった。しかし、APG体系には、目を構成する分類群や目間の関係について、分子系統解析に基づいた信頼するに足る根拠がある。キントラノオ目を構成する科の多様さや、旧ユリ目を構成していた類似した形質を持つ種が、実は複数の異なった目に所属していたことなどは、分子系統解析に基づかなければ決して解明できなかったことである。

また、目は種、属、科に比べると数が少ない。世界の被子植物全体で目の数は六〇程度にすぎず、すべてを覚えて実際に観察することも、その気になればさほど困難ではないだろう。さらに、このうち約五〇個の目は日本に生育しているので、目レベルに限定すれば、日本にいながら、世界の被子植物の多様性を楽しむこともできる。目という階級を意識すると、多様な植物の形態、生態、進化を興味深く観察でき理解が深まるようになったことは、APG体系がもたらした大きな功績の一つだろう。

単子葉植物の目

ラン目が消えた！

単子葉植物の中でラン科は特異な性質を持っているが、まず目を惹《ひ》くのは花の形態である。単子葉植物の花と構成するパーツは三を基本とし、三枚の萼《がく》に三枚の花弁、それぞれが類似した形で放射対称に位置する。これに対して、ラン科では三枚の花弁の中の一枚が、唇弁《しんべん》と呼ばれる特殊な形態となっている。唇弁には細長い距《きょ》を持ったものもある（図2）。送粉者《そうふんしゃ》（ミツバチなどのような、花粉を媒介する生物）との著しい共進化によって、多様な花弁が生まれたのだ。ラン科には七八〇属、二万二五〇〇種があり、二万三六〇〇種のキク科に次いで大きな科である。

ラン科のユニークな特徴は花弁だけではない。雄しべと雌しべは合着して、一本の蕊柱《ずいちゅう》になっている。蕊柱の先端部分が雄しべであり、多数の花粉が集まった花粉塊《かふんかい》が数個つく。そのため、

図2　ラン科の花のユニークな構造

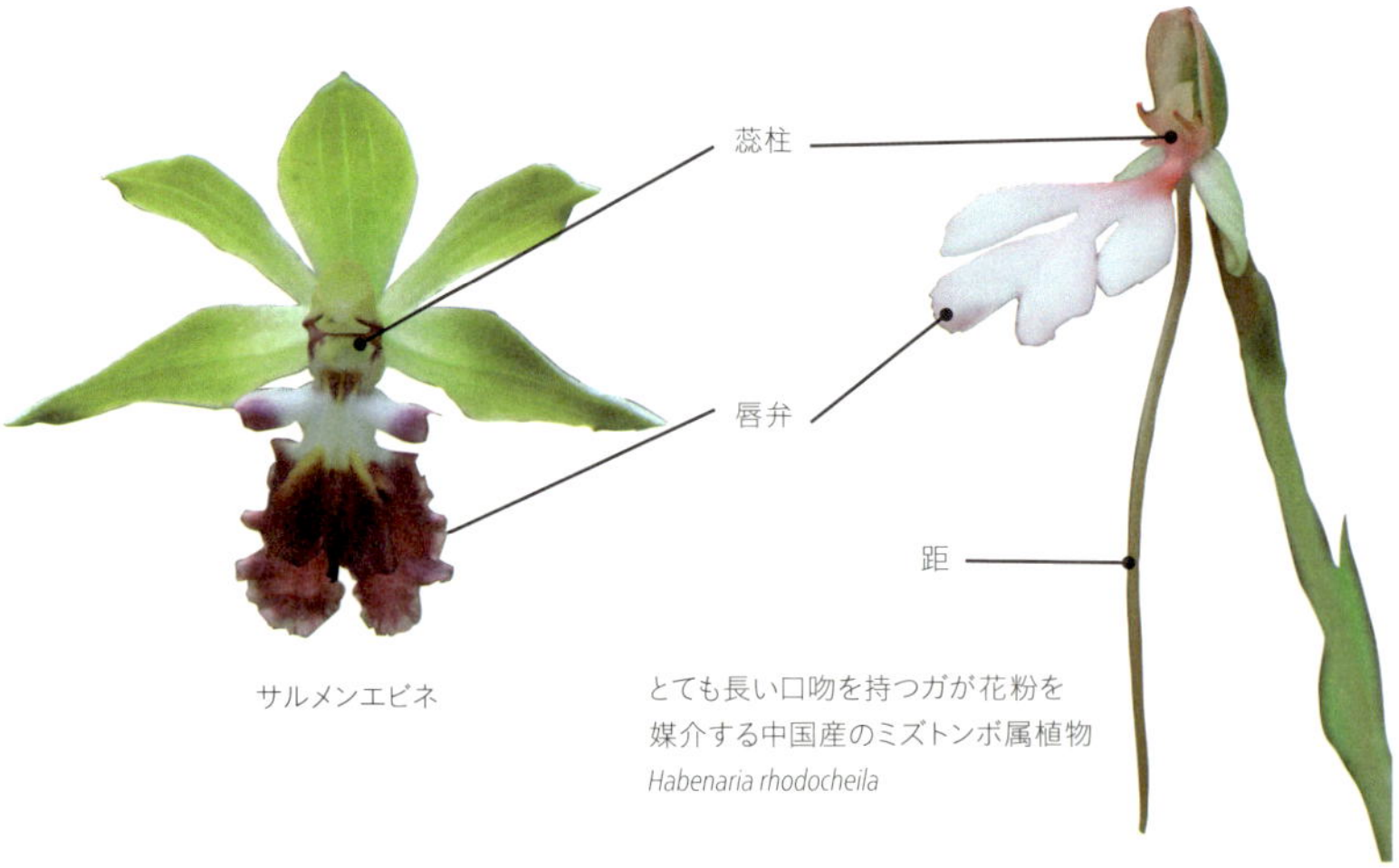

サルメンエビネ

とても長い口吻を持つガが花粉を媒介する中国産のミズトンボ属植物 *Habenaria rhodocheila*

ラン科の花の多様性は送粉者との共進化の結果生まれた

送粉には、花粉塊を運べるような大きさの送粉者との相互関係が必要である。さらに、花粉塊を送粉者の体表に付着させるために、唇弁《しんべん》の中に複雑な迷路をつくったり、昆虫のメスに擬態《ぎたい》したりと、さまざまな方法を進化させている。送粉者の体表に付着した花粉塊は、一般には蕊柱の中部の窪みにある雌しべに運ばれる。

受精の結果生産される多数の種子は埃《ほこり》のように細かく、風で運ばれる。種子内には栄養が蓄えられていないので、発芽や成長には菌類との共生が必要である。つまり、成長ステージの最終場面である繁殖期には送粉のために昆虫などとの共生関係が、成長の初期にあたる種子からの発育には地下部の根に菌類の存在が必要なのだ。地上部の花と地下部の根で異なった生物と密接な依存関係をとっているのである。また、着生植物が多いのも特徴である。

これらの際立った特徴から、以前はラン科のみで一つの目、ラン目を形成していた。しかしながら、ＡＰＧ体系では、ラン目は消滅し、ラン科はクサスギカズラ目、すなわち、アスパラガスの大きな仲間のうちの一つの枝という位置づけにある（図3）。

クサスギカズラ目の中でもラン科は初期に分岐している。

キンバイザサ科

アヤメ科

ワスレグサ科

図3　クサスギカズラ目内の科の系統関係

日本産の科のみ示す

ヒガンバナ科

クサスギカズラ科

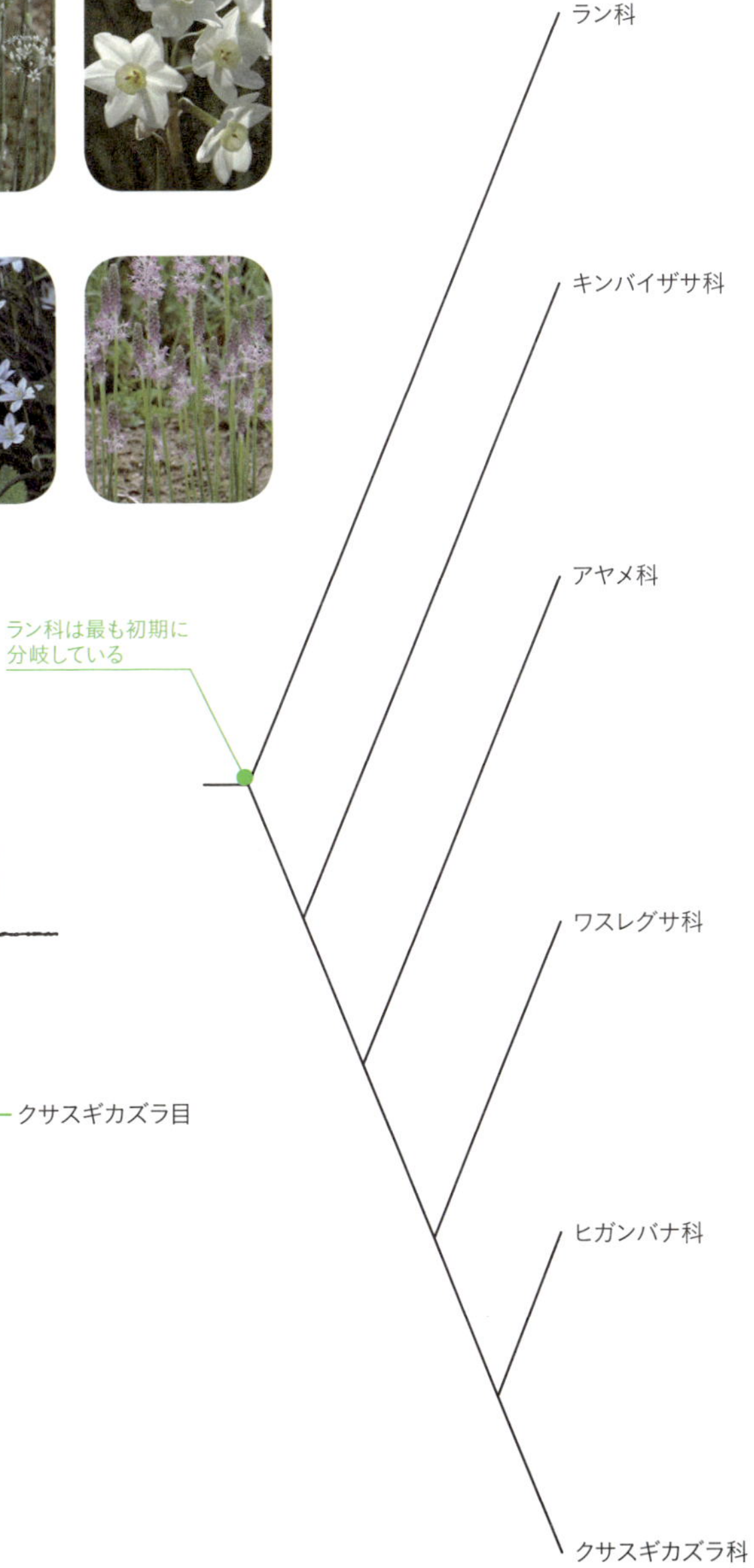

図4
維管束植物の系統中のクサスギカズラ目の位置

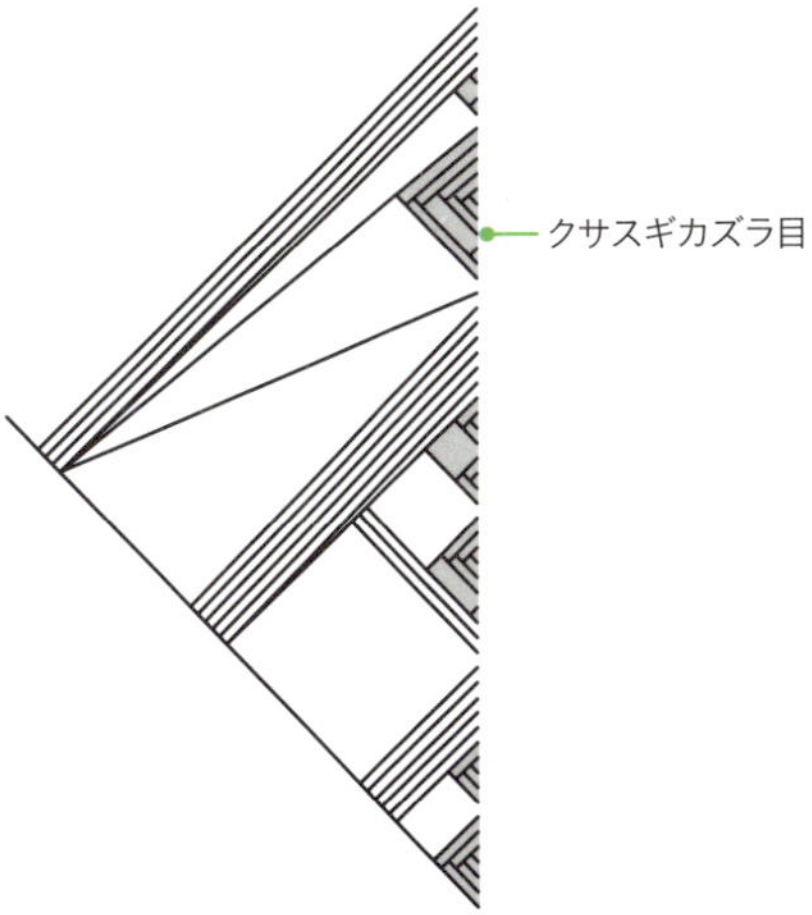

呉越同舟のタコノキ目

タコノキ目タコノキ科のタコノキは、海辺の強風や強光にも負けずに育つ頑強な植物である。タコノキ目には他にホンゴウソウ科、ビャクブ科、パナマソウ科、ベロツィア科が含まれるが、クロンキスト体系ではホンゴウソウ科は腐生植物のサクライソウ科とともにホンゴウソウ目、ビャクブ科はユリ目、パナマソウ科とウェロジア科はユリ目、とそれぞれ異なった目に属していたのである。

この中でも特に意外であったのがホンゴウソウ科である。ホンゴウソウは暗い林内に生育する菌従属性の植物で、地上部に現れる暗い色合いの植物体は数センチで目立たない。海岸の強光下で猛々しく育つタコノキと全く異なる風情である。

図5 **タコノキ目内の科の系統関係**

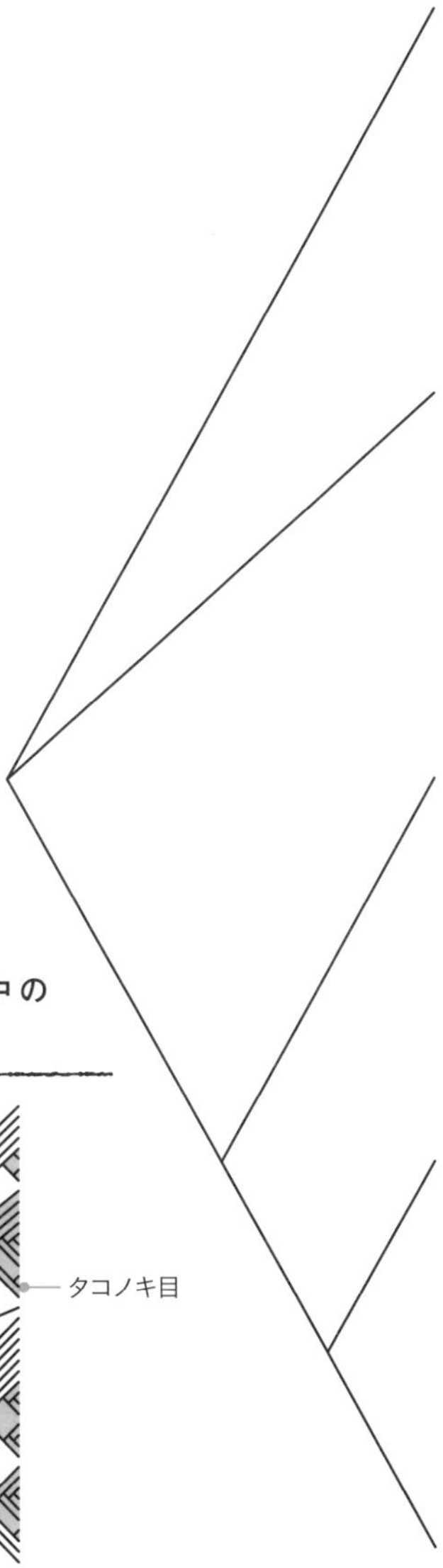

ベロツィア科（旧ユリ目）

ベロツィア科植物は主に南アメリカとアフリカの熱帯に生育し、日本には分布しない。かつてユリ目に所属していたのもうなずける、6枚の立派な花被からなる花を咲かせる。

ホンゴウソウ科（旧ホンゴウソウ目）

（**1.**ホンゴウソウ、**2.**ヤクシマソウ／以上撮影 末次健司、**3.**ウエマツソウ）

ホンゴウソウ科植物は主に熱帯地方を中心に分布するが、日本にも数種が分布する。薄暗い林床に生育し、小さく目立たない色をしているので、気づかれにくい植物である。

ビャクブ科（旧ユリ目）

（**4.**ナベワリ）

東南アジア、オーストラリア、北アメリカに4属25種が分布する多年生草本。日本にはナベワリ属数種が分布するほか、薬用にビャクブ（中国原産）が栽培されている。

タコノキ科（旧タコノキ目）

（**5.**タコノキ）

旧熱帯に中心に4属830種が分布している。日本では南西諸島と小笠原諸島の海岸に生育している。

パナマソウ科（旧パナマソウ目）

（**6.**パナマソウ）

パナマ帽の材料となる植物を含むことから名付けられた。クロンキスト体系ではヤシと類似していると考えられ、ヤシ下綱パナマソウ目とされていた。

図6

維管束植物の系統中のタコノキ目の位置

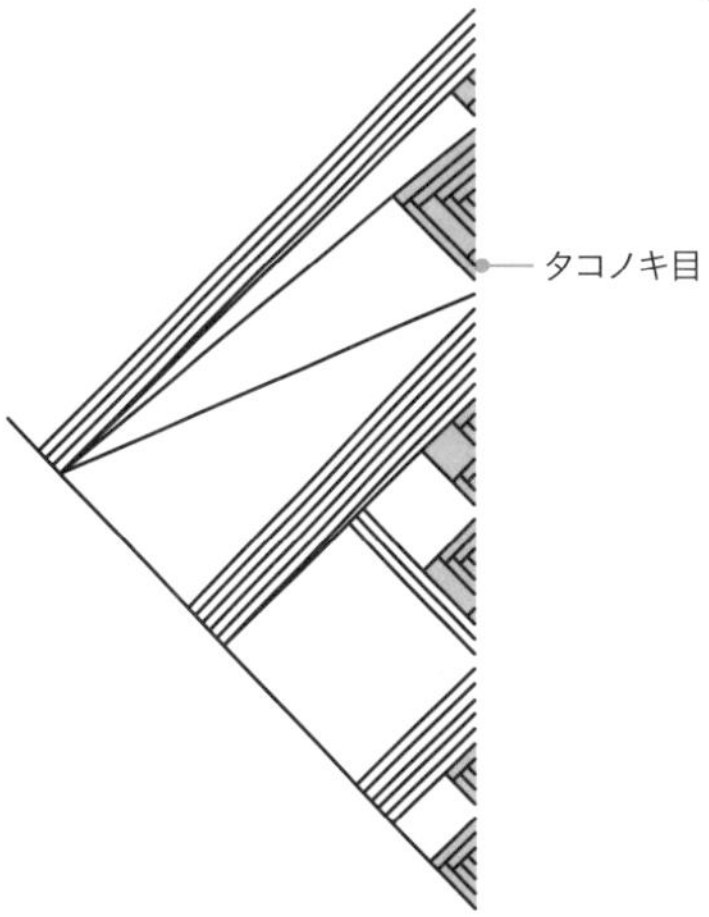

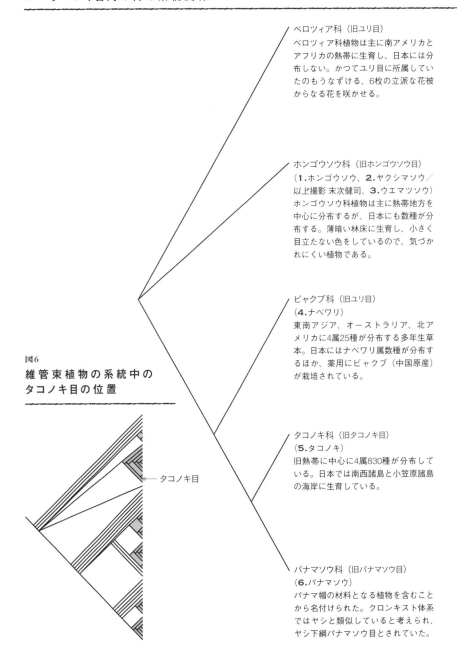

意外なグループを含むヤマノイモ目

とろろ芋、長芋、山芋といろいろな名前で親しまれているヤマノイモ科の植物は、エングラー体系とクロンキスト体系ではユリ目に含まれていたが、APG体系では多様な植物とともにヤマノイモ目に格上げされた。実は、ヤマノイモ目を構成する科の数やその範囲、分類群間の系統関係には、いまだに明らかになっていない点があるが、ここでは、APGⅢ、Ⅳでの保守的な取り扱いに従うことにす

図7　維管束植物の系統中のヤマノイモ目の位置

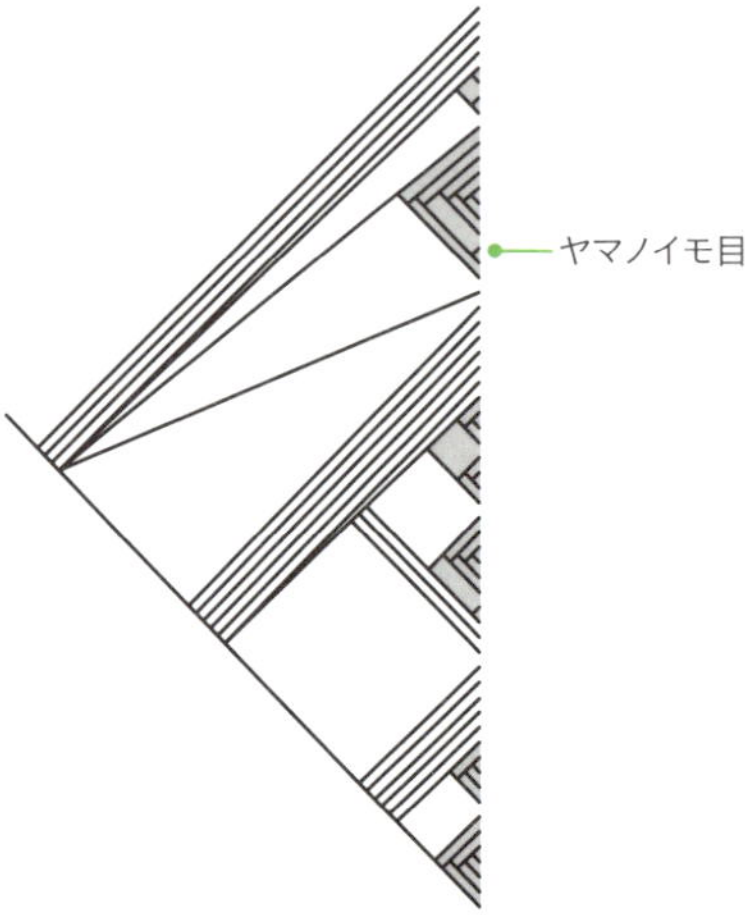

ロゼットがノギランとよく似ているショウジョウバカマはユリ目(シュロソウ科)に残った(写真はツクシショウジョウバカマ)

ヒナノシャクジョウ(ヒナノシャクジョウ科／撮影 末次健司)。左のタヌキノショクダイ科はタシロイモ科と、ヒナノシャクジョウ科はヤマノイモ科と近縁であることがわかった

タシロイモ

図8 ヤマノイモ目内の科の系統関係

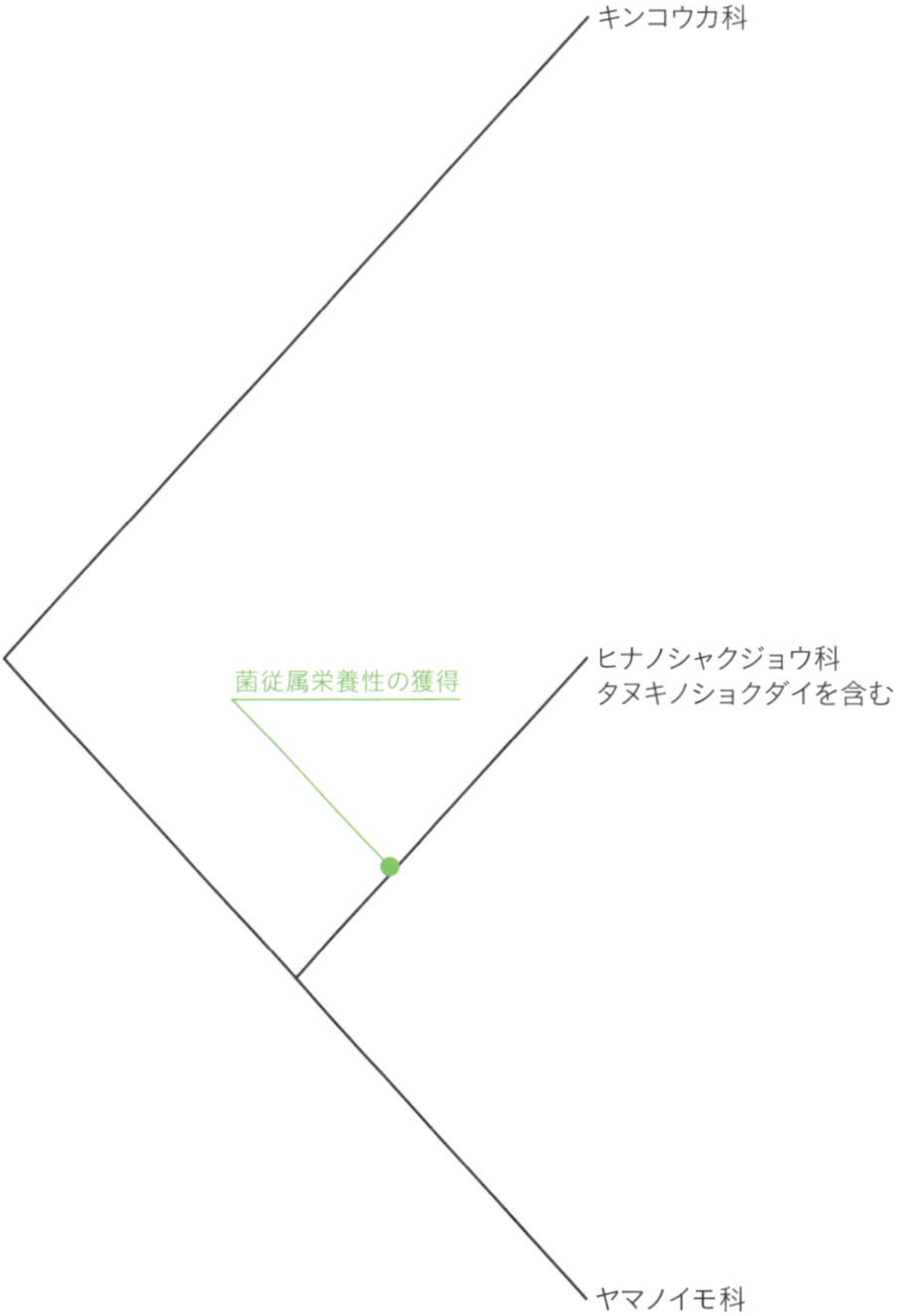

旧ユリ目ユリ科からヤマノイモ目キンコウカ科へ移動したノギラン

タヌキノショクダイ（タヌキノショクダイ科／撮影 末次健司）

ヤマノイモ科

ヤマノイモ科

る。

APG体系では、ヤマノイモ目にはヤマノイモ科のほかに、キンコウカ科、ヒナノシャクジョウ科の3科が含まれており、最基部でキンコウカ科が分岐する(図7)。キンコウカ科は従来のユリ科から分離したもので、ノギラン等を含む。以前はユリ科に含まれていたノギランとショウジョウバカマはロゼットの中心から花序を伸ばし花を咲かせる点で類似しているが、両者の系統は大きく異なり、ノギランはヤマノイモに近縁だったのだ。

ヤマノイモ科には七〇〇あまりの種が知られているが、そのうちの約六〇〇がヤマノイモ属の種である。ヤマノイモ属は、熱帯を中心に分布し、栄養を貯蔵する芋を持つつる状の多年草である。

ヤマノイモ目には菌従属栄養植物タヌキノショクダイとヒナノシャクジョウが含まれる。いずれも光合成を行わず、他の植物の落葉に隠れるように小さな花を咲かせるユニークな植物たちだ。APG体系では、タヌキノシ

図9　タヌキノショクダイ科を認める見解

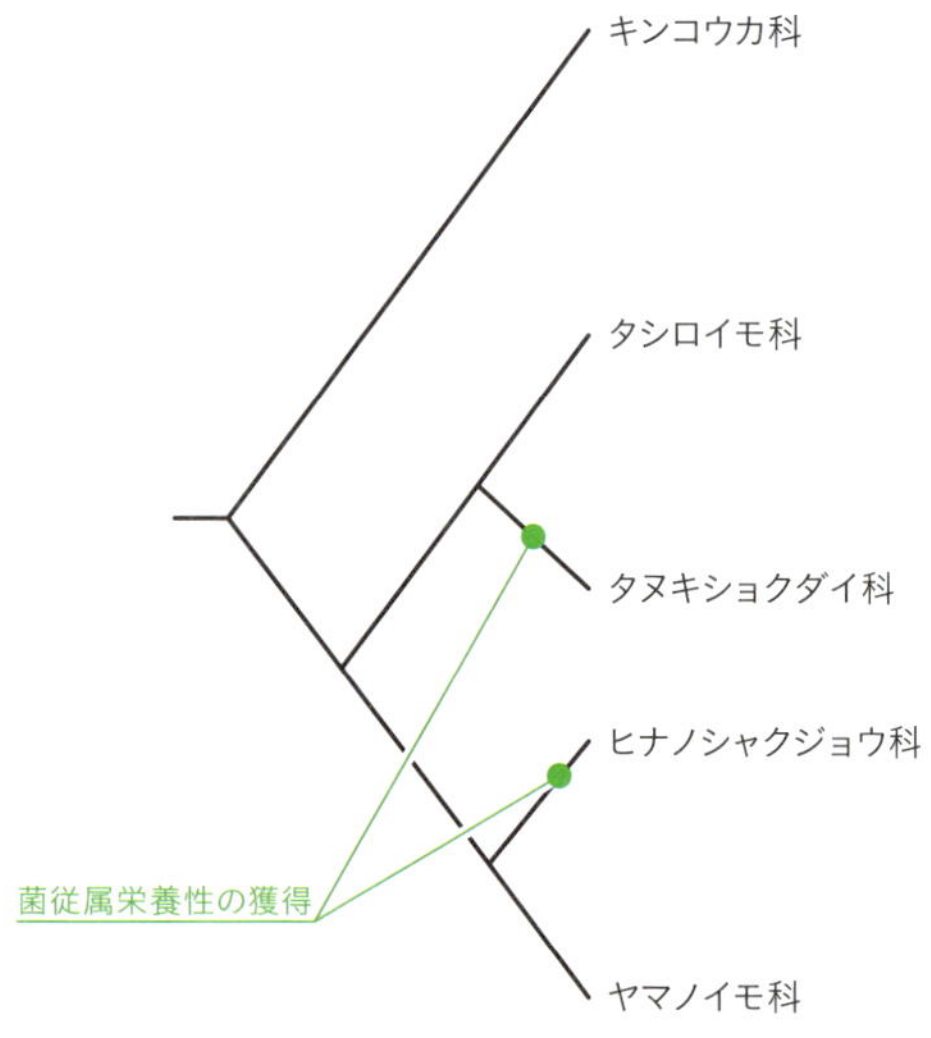

ヨクダイとヒナノシャクジョウはヒナノシャクジョウ科にまとめられている。この場合、菌従属性の獲得は目内で一回起こったと考えられる（図8）。一方で、タヌキノショクダイ科とヒナノシャクジョウ科を双方とも認め、目内で互いに離れた場所に位置するとする見解（図9）、さらに、タヌキノショクダイ科が単系統でないとする報告もある（図10）。これらの場合、菌従属性の獲得は、ヤマノイモ目内で複数回起こったことになる。

図10　タヌキノショクダイ科は単系統でないとする報告

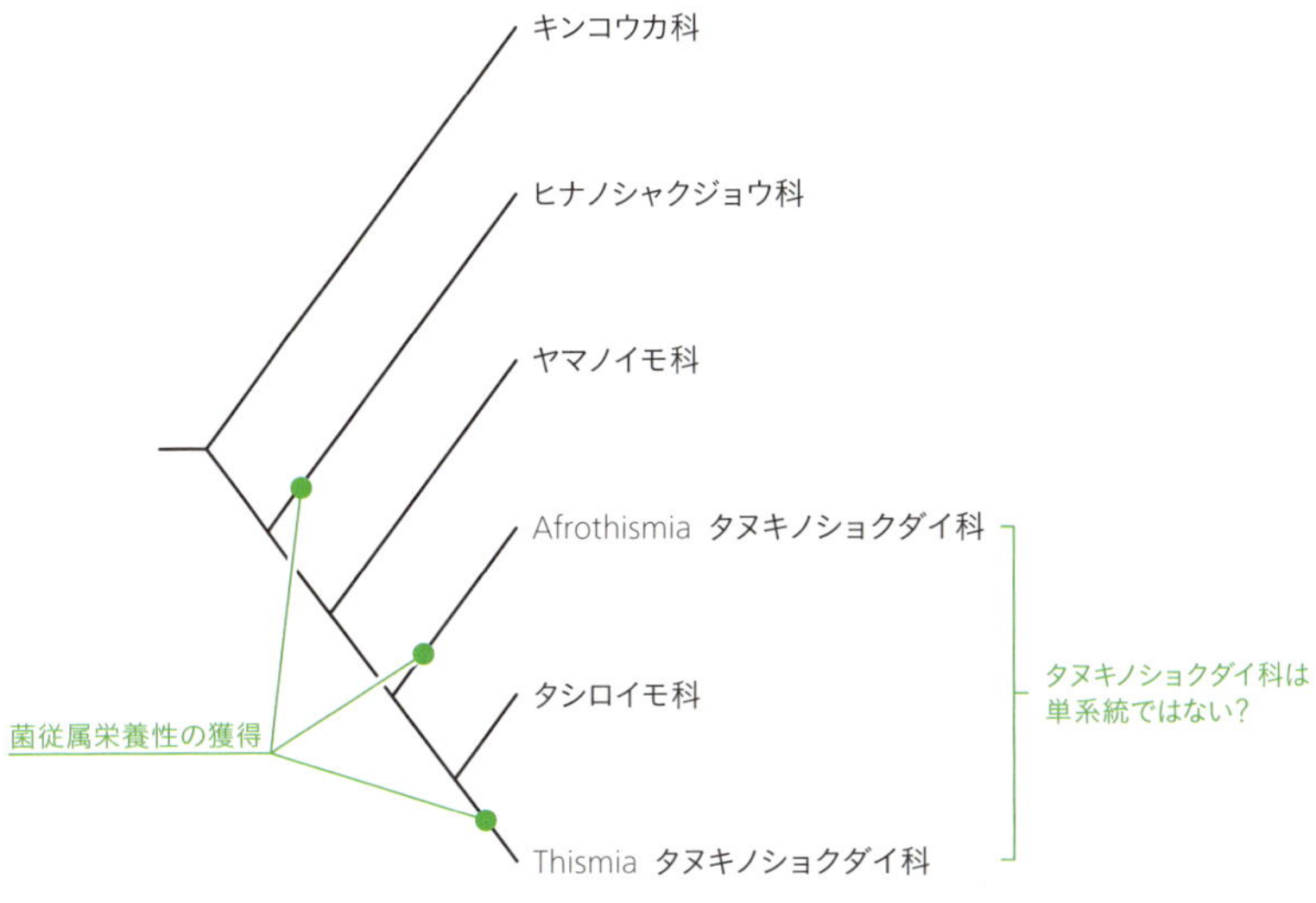

イネ目の拡大

イネ目もＡＰＧ体系で大きく組成が変化した分類群である。

新エングラー体系では、イネ目にはイネ科のみが含まれていたが、クロンキスト体系ではカヤツリグサ目の中に、イネ科とカヤツリグサ科が入れられていた。

ＡＰＧ体系では、イネ目は、イネ科の他にトウツルモドキ科、カヤツリグサ科、ホシクサ科、パイナップル科、ガマ科など一六科を含む分類群へと拡大している。

パイナップル科の一部の種などを除けば、イネ目の植物は花被が目立たず、風媒によって受粉を行っているものが多い。

図11 イネ目内の科の系統関係

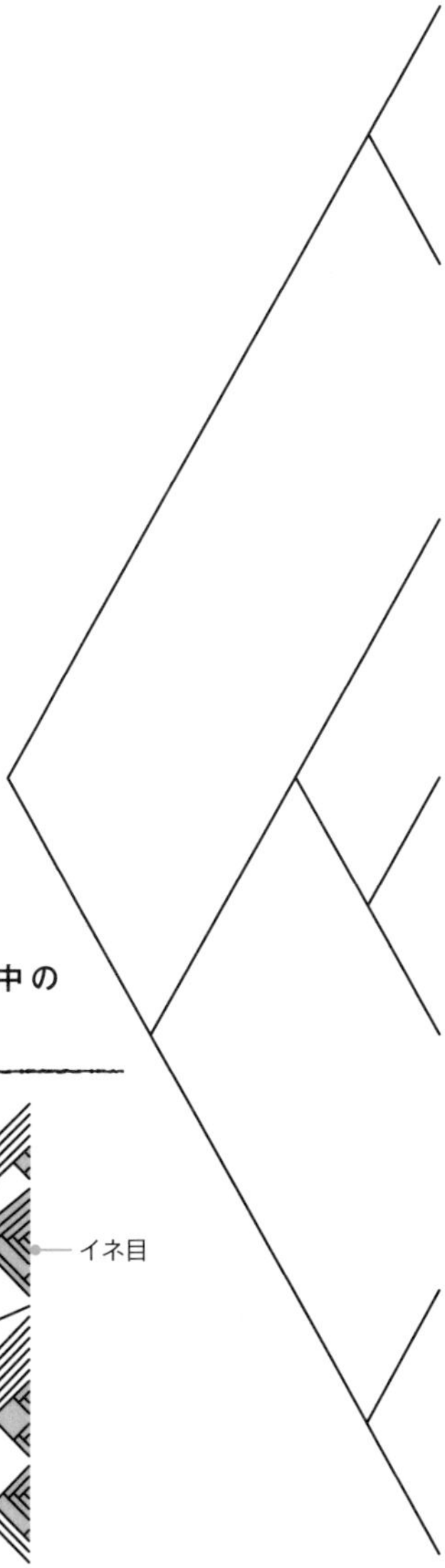

ガマ科（1. ガマ）

全世界に1属10種が分布する。

パイナップル科（2〜4）

主に熱帯・亜熱帯アメリカに59属2,650種が分布する。イネ目の植物としては発達した花被を持ち、ハチドリ、コウモリなど多様な送粉者を引きつけている。

ホシクサ科（5）

11属100種が知られている。風媒花へと進化しているが、しっかりとした6枚の花被は存在する。

イグサ科（6. イグサ）

全世界に7属430種が分布する。

カヤツリグサ科（7. オニスゲ）

全世界に92属4,450種が分布する。

トウツルモドキ科

（8. トウツルモドキ）

1属4種が旧熱帯に分布する。葉の先がつる状に伸びて他の植物に絡みつく。

イネ科（9）

全世界に670属9,500種が分布する。花被がほとんど消失しているなど、風媒を極めた繁殖様式を示している。

図12 維管束植物の系統中のイネ目の位置

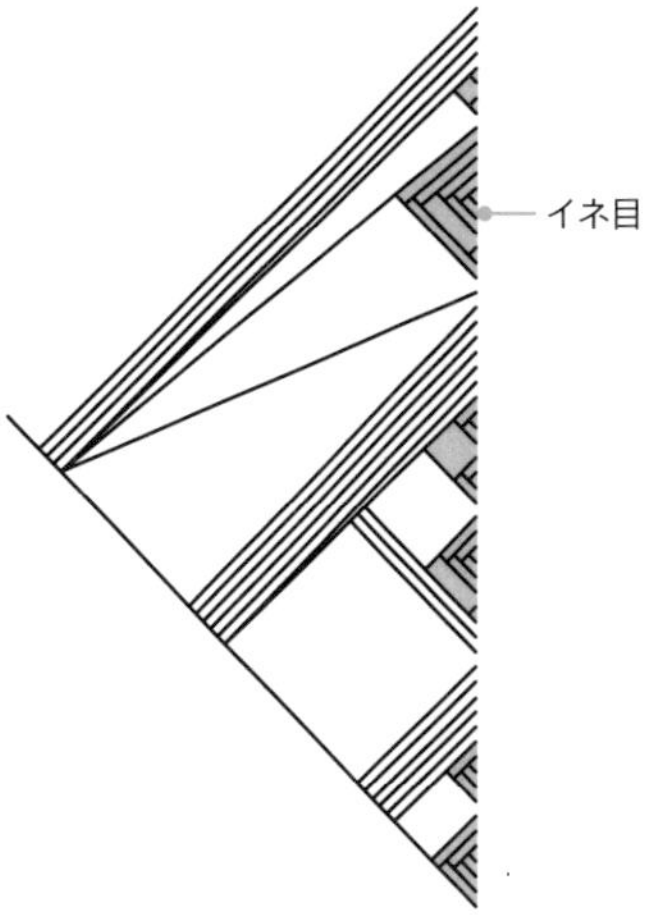

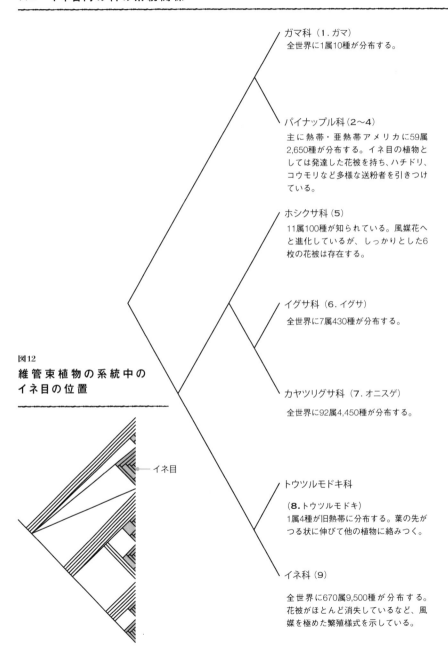

真正双子葉植物の目

それほど古くなかったヤマグルマとカツラ

ヤマグルマ目は世界に二科二属二種が知られるのみだが、日本にはそのうちの一種、ヤマグルマが生育する。カツラが属するカツラ科は一属二種が知られ、日本にはそのすべてが生育している。世界的に見ればどちらの種もマイナーであるが、日本では比較的普通に観察できる馴染み深いグループだ。

ヤマグルマの木部は道管を欠き、仮道管によって形成される。裸子植物の木部が同様に道管を持たないことや、花弁がなく多心皮で地味な花をもつ等の特徴から、ヤマグルマは原始的な植物であると考えられてきた。裸子植物が遺存的に生育する渓谷の湿った岩場に張り付くようにして生育し、独特の花を咲かせる姿は、古くから生き延びてきた植物の特徴にも思える。しかしながら、APG体系では、ヤマグルマ目は真正双子葉類の中に位置づけら

ヤマグルマ（左）とカツラ（上）。どちらも、エングラー体系では原始的特徴とされた花弁を欠く地味な花をつける。

図13
維管束植物の系統中のヤマグルマ目、ユキノシタ目の位置

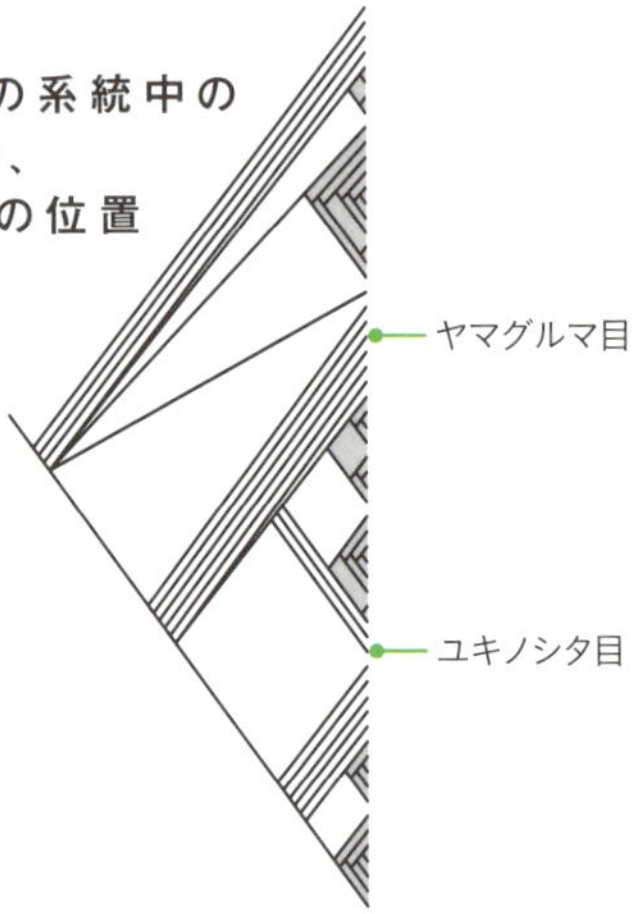

れている。中核真正双子葉植物に比べれば祖先的であるが、ツゲ目やヤマモガシ目と類似した位置にあり、モクレン目やクスノキ目より後に分岐している。

カツラ科は単純な花の構造が祖先的と考えられ、新エングラー体系ではモクレン目に、クロンキスト体系ではマンサク目に含まれていたが、APG体系では中核真正双子葉植物のユキノシタ目に含まれている。以前の体系に比べて、ずいぶんと派生的な位置に移動している。

ケシ目の消滅

ケシ科には、同じ形をした四枚の花弁からなる花を咲かせるヒナゲシのグループと、より複雑な花をもつケマンソウやコマクサの仲間がある。

新エングラー体系、クロンキスト体系ともにケシ目を認めていたが、それぞれ、目を構成する科は大きく異なっていた。すなわち、新エングラー体系ではケシ科以外にフウチョウソウ科、アブラナ科、モクセイソウ科、ワサビノキ科などを含み、現在のアブラナ目に近い構成となっていたのに対し、クロンキスト体系では花の形態が大きく異なるという理由でケシ科とケマンソウ科に分けられ、ケシ目にはこれら二科のみが含まれていた。

APG体系ではケシ目はキンポウゲ目に含められ、消滅してしまった。新エングラー体系では、ケシ科（現キンポ

ウゲ目）はアブラナ科（現アブラナ目）と近い関係にあると考えられていたのだが、APG体系ではアブラナ目は中核真正双子葉類バラ類にあるのに対し、キンポウゲ目は真正双子葉類の最基部に位置する。ケシ科はAPG体系によって大きく位置づけの変わった分類群の一つである。

APG III体系のキンポウゲ目の科の例

1. フサザクラ科（フサザクラ）、
2. アケビ科（アケビ）、
3. メギ科（ヒイラギナンテン）、
4. キンポウゲ科（セツブンソウ）

ケシ科の植物

5. ムラサキケマン、
6. ヤマブキソウ、
7. タイツリソウ

図14 キンポウゲ目内の科の系統関係

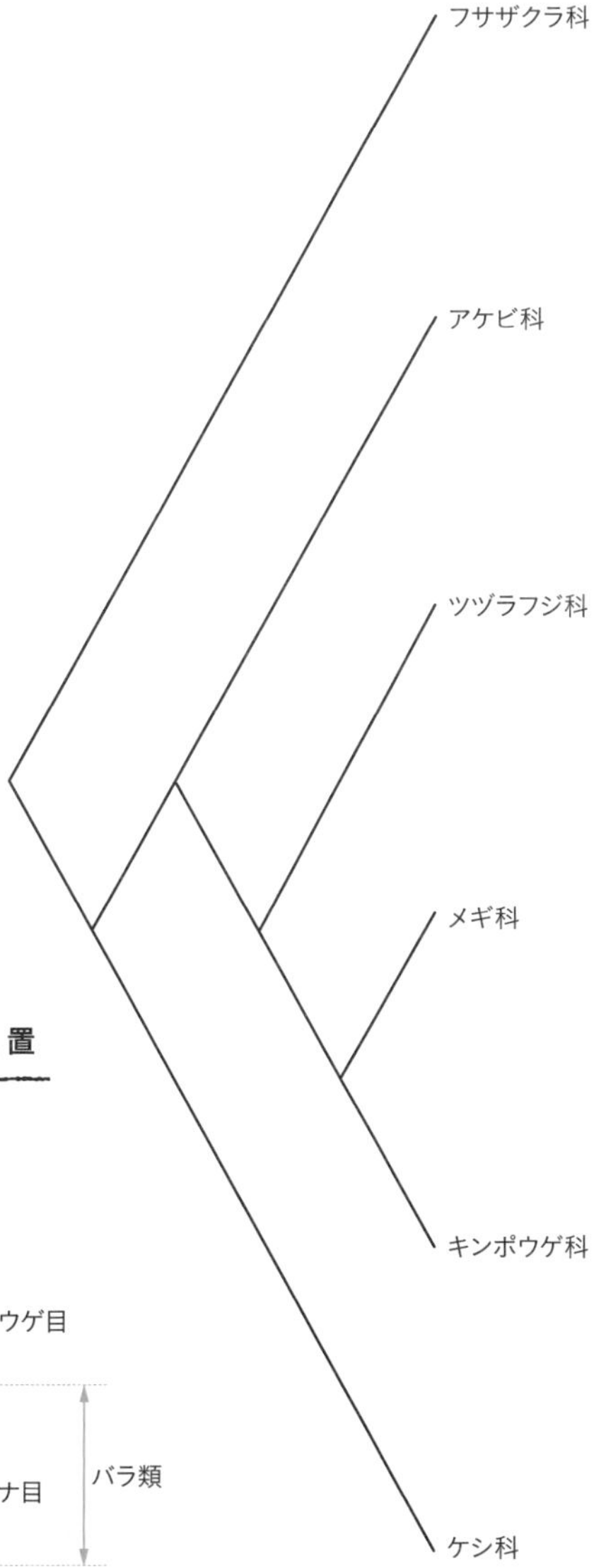

図15
維管束植物の系統中の
キンポウゲ目、アブラナ目の位置

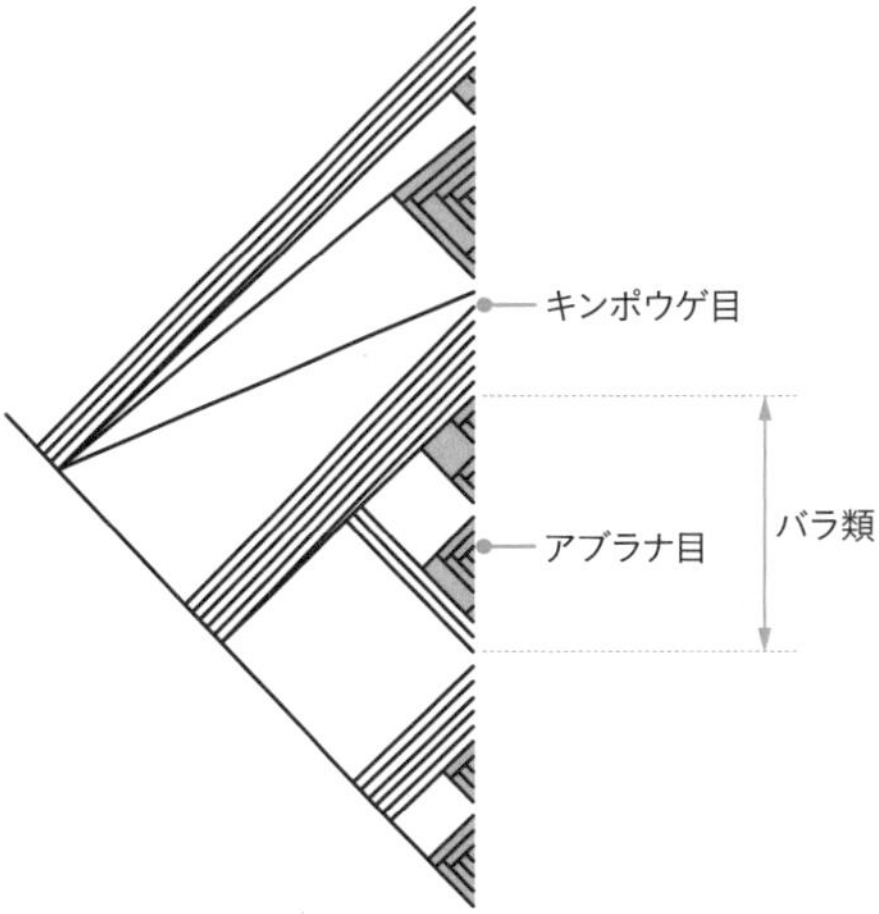

意外なハスの仲間、ヤマモガシ目

美しい花を咲かせる水生植物ハスは、多数の花被や雄しべを持つ花の特徴から、クロンキスト体系では祖先的な分類群であるモクレン亜綱のスイレン目ハス科に含まれていたが、APG体系では真正双子葉類のメンバーであるヤマモガシ目に所属する。

ハス科のほかにヤマモガシ目に含まれるのは、街路樹でおなじみのスズカケノキ科と、ブラシノキなどで知られるヤマモガシ科。ハス科以外は立派な樹木である。DNA塩基配列情報がなければ、これらの三つの科が同じ目とは想像すらできないだろう。

一億年ほど前の共通祖先から、陸上で高木として生きる道（スズカケノキとヤマモガシ）と水中に地下茎を走らせて生きる道（ハス）を選んだ結果、これほどの差が生まれたのだ。

図16　維管束植物の系統中のヤマモガシ目の位置

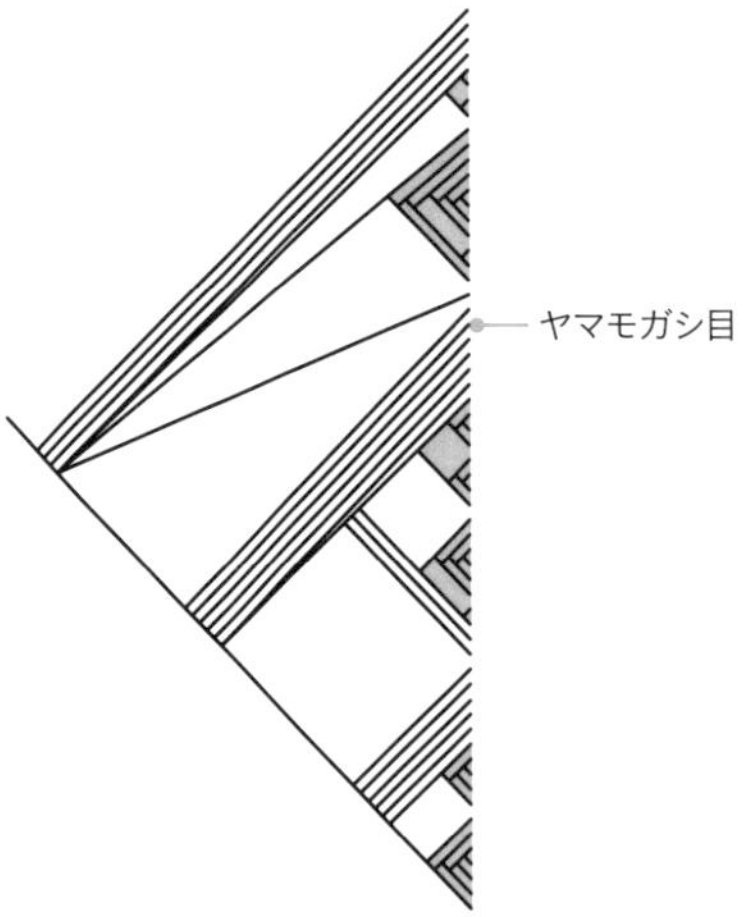

図17 ヤマモガシ目内の科の系統関係

ハス科（**1.** ハス）
東アジアと北アメリカに
1属2種のみが分布する小さな科。

スズカケノキ科（**2**）
北半球に1属8種が分布する。
いずれも高木となる。

ヤマモガシ科（**3.** バンクシア）

ヤマモガシ目の他の2科と異なり、77属1,600種と多種が知られている。分布も、南米、オーストラリア、インド、アフリカなどゴンドアナ大陸由来の地域に分布する点で異なっている。ほとんどが樹木。

中核真正双子葉植物の目

ユキノシタ目の新メンバー

大きく変更されたユキノシタ科の上位分類群であるユキノシタ目にも、著しい変動があった。ユキノシタ目には一五科が知られており、そのうちの一一科が日本に生育する。これらを新エングラー体系と比較すると、三科が新たに創設され、バラ目からは四科が、オトギリソウ目、モクレン目、フウロソウ目、フトモモ目からそれぞれ一科が移動してきている。（第2章コラム「ユキノシタ科の大分裂」も参照）

地味なメンバーに入れ替わったバラ目

バラ目も構成メンバーが大きく変化した。一言で言えば、派手から地味へ。

バラといえば、美しい花の代名詞である。新エングラー体系やクロンキスト体系ではバラ目にはバラ科以外にも花の目立つ科が含まれていた。例えば、新エングラー体系では、マンサク科、ベン

図18
維管束植物の系統中のバラ目の位置

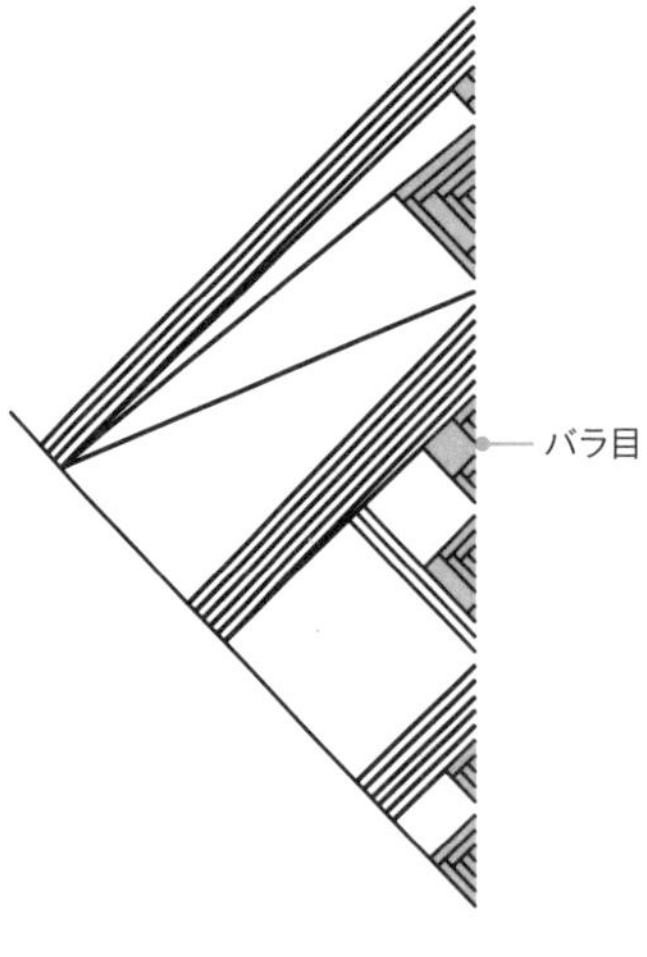

ケイソウ科、ユキノシタ科、トベラ科、マメ科など、クロンキスト体系では、トベラ科、アジサイ科、ベンケイソウ科、ユキノシタ科などである。

APG体系のバラ目の構成メンバーはエングラー体系やクロンキスト体系のものとは大きく異なっている。従来の分類体系でバラ目に含まれていた花の目立つ科はすべて（もちろん、バラ科は除いて）別の目に移動した。

現在、バラ目は、新たに移動してきたグミ科、クロウメモドキ科、ニレ科、クワ科、イラクサ科を含んでいる。バラ科を除けば地味な花をつける植物ばかりであり、風媒によって受粉を行うものが多い。

バラ目から他の目へ移動した科

1. ユキノシタ目に移ったユキノシタ科（ヒマラヤユキノシタ）、**2.** ミズキ目に移ったアジサイ科（コガクウツギ）、**3.** ユキノシタ目に移ったマンサク科（トサミズキ）、**4.** マメ目となったマメ科（エンドウ）

APG体系のバラ目の科。
1. バラ科（クサイチゴ）、
2. クロウメモドキ科（ネコノチチ）、
3. グミ科（トウグミ）、
4. ニレ科（アキニレ）、
5. アサ科（カラハナソウ）、
6. クワ科（コウゾ）、
7. イラクサ科（カラムシ）。

図19　バラ目内の科の系統関係

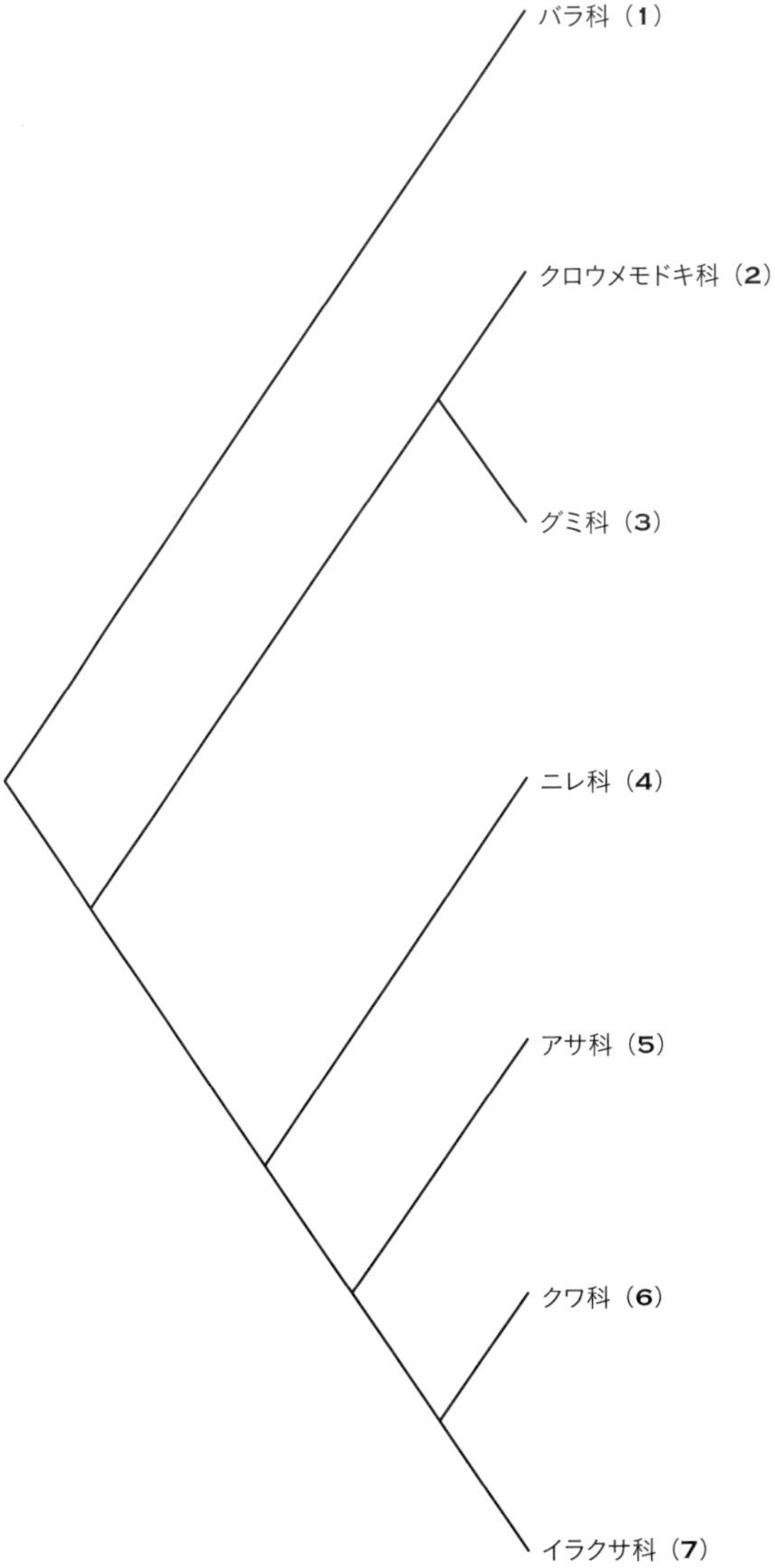

適応放散の見本市、キントラノオ目

キントラノオ目とはあまり聞き慣れない名前だが、バラ類の中で最も科数が多い分類群であり、一万六〇〇〇種が含まれている。形態的にも生態的にも著しく多様であるために、DNA塩基配列情報に基づく解析によって初めて認識された目である。

1. ヒルギ科（オヒルギ）、**2.** フクギ科（フクギ）、**3.** カワゴケソウ科（カワゴケソウ／撮影 厚井聡）、**4.** キントラノオ科（キントラノオ）、**5.** キントラノオ科（ヒイラギトラノオ）、**6.** スミレ科（スミレ）、**7.** トケイソウ科（トケイソウ）、**8.** ヤナギ科（ネコヤナギ）、**9.** ラフレシア科（*Rafflesia patma*／撮影 Yayan Wahyu）、**10.** トウダイグサ科（ノウルシ）

図20 キントラノオ目内の科の系統関係

11. ミカンソウ科(ナガエコミカンソウ)、**12.** アマ科(アマ)

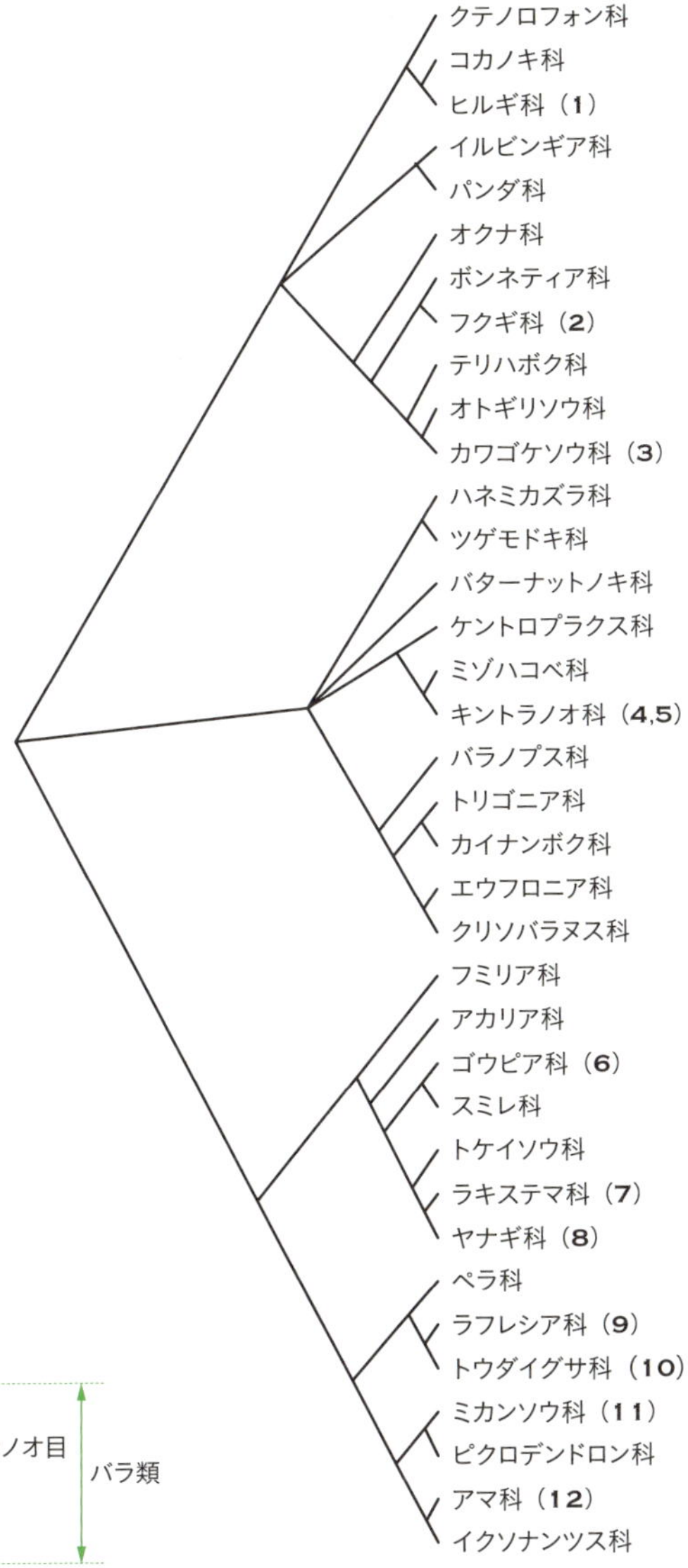

図21 維管束植物の系統中のキントラノオ目の位置

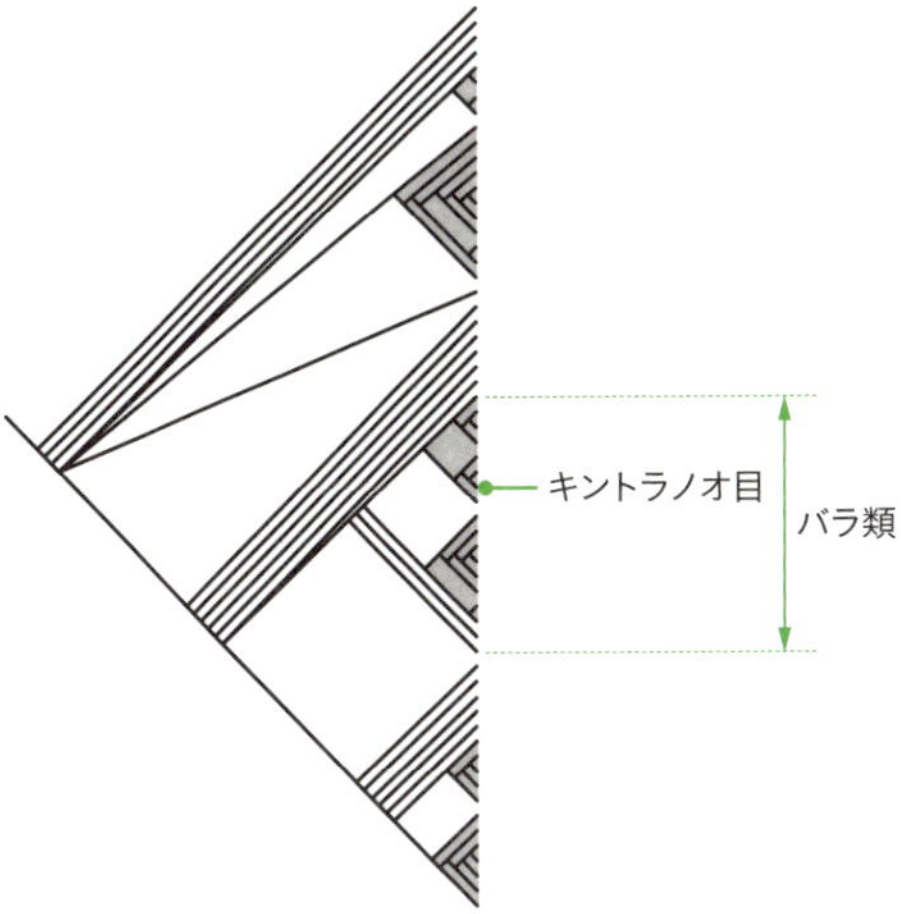

キントラノオ目には、茎や葉が退化し流水中の石に付着して生育するカワゴケソウ、世界一大きな花を咲かせる寄生性植物のラフレシア（かつてラフレシア科に含まれていたヤッコソウは、現在はツツジ目のヤッコソウ科）、花被の目立たない風媒性のヤナギ科、トウダイグサ科の多肉植物、マングローブを形成するヒルギ科などがある。また、アマ（アマ科）、キャッサバ（トウダイグサ科）、ゴム（トウダイグサ科）など有用産物を生産し、経済的に重要な植物も多い。この他に、ミカンソウ科、ミゾハコベ科、キントラノオ科、ツゲモドキ科、トケイソウ科、スミレ科、テリハボク科、フクギ科、オトギリソウ科などが含まれており、これらが共通の祖先を持つことが信じられないような多様性である。

キントラノオ目にみる適応放散①

ヤナギの風媒化

キントラノオ目は、目を構成する科の多様性に加えて、それぞれの科が目内で占める位置も興味深い。例えばヤナギ科は、新エングラー体系では単純な花構造が原始的な形質と考えられ、ヤナギ目として、モクマオウ目、クルミ目、ブナ目、イラクサ目などとともに古生花被亜綱に含まれていたが、APG体系では中核真正双子葉植物のキントラノオ目に所属し、さら

1. スミレ科（ヤエヤマスミレ）の花、
2. トケイソウ科（トケイソウ）の花

にキントラノオ目の中でも立派な花を咲かせるトケイソウ科やスミレ科の近くに位置づけられている。

一億年あまりの適応進化、特に送粉者との共進化によって被子植物は驚くべき多様化を成し遂げたが、ヤナギは風媒花として進化し不要な花弁を失ったのだろう。被子植物の中で、送粉を虫媒から風媒に変化させる過程で花弁を失った進化の例は多数知られているが、ヤナギ科の風媒化はその最も顕著な一例といえるだろう。

キントラノオ目にみる適応放散②
カワゴケソウの仲間は？

カワゴケソウは根が葉状になり、流水中の岩上などに密着して生育している。水中の

図22 ヤナギはトケイソウやスミレに近縁だった！

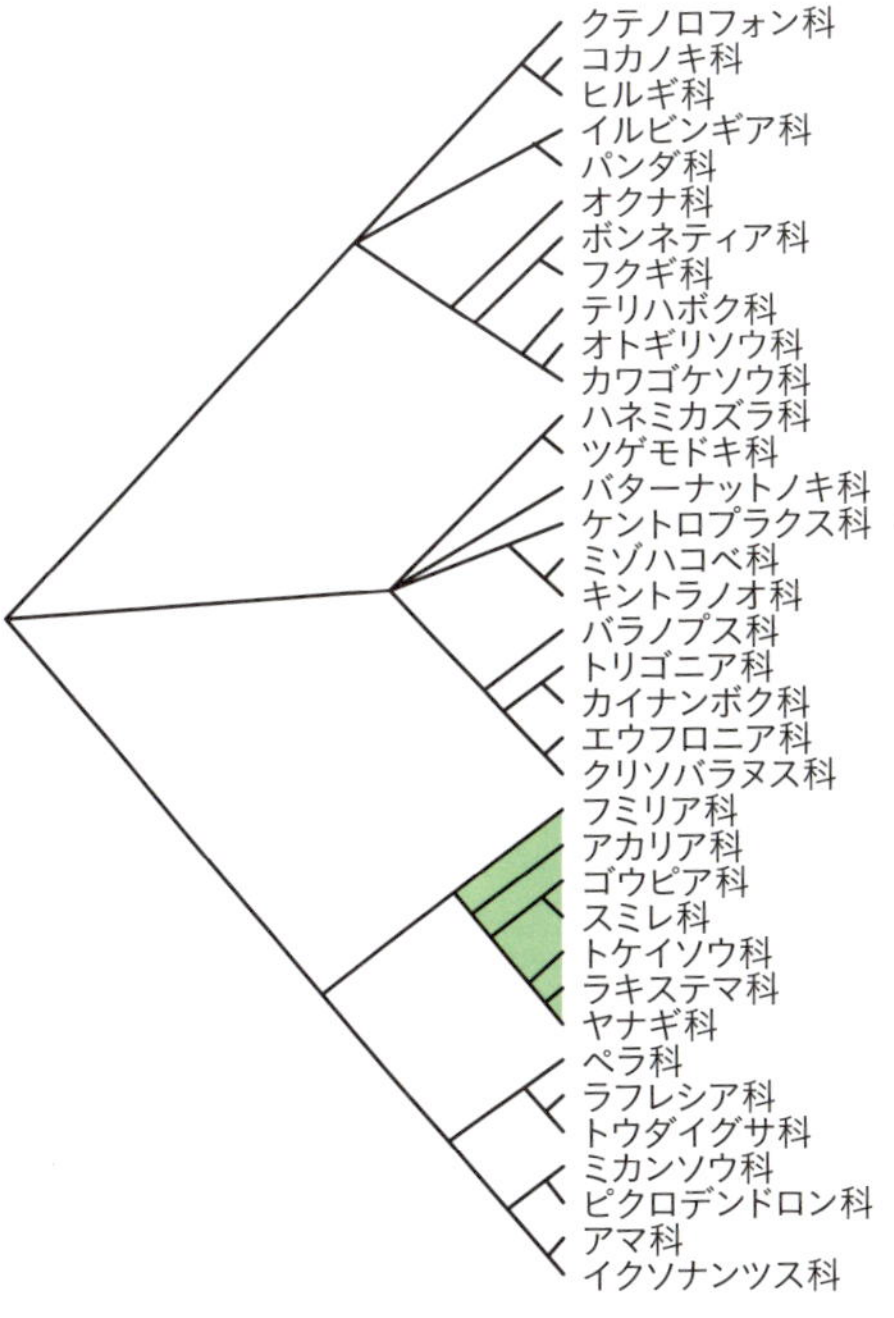

3. ヤナギ科（ネコヤナギ）は花弁のない地味な花をつける

生活に極端に適応した独特の形態からカワゴケソウ目カワゴケソウ科として扱われてきた。

　一方、日本では湿地や山地に生える草本としてなじみ深いオトギリソウ科だが、クロンキスト体系では海岸生の樹木であるフクギやテリハボクもオトギリソウ科に含まれていた。フクギやテリハボクは沖縄地方では防風のために植栽されている。また、フクギ属にはマンゴスチンが含まれている。風情あるフクギ並木の小道を歩くとき、あるいは、熱帯果実の女王と称されているマンゴスチンの果実を食べるとき、これらがオトギリソウ科だと考えるのは愉しいものだった。

　しかしながら、DNA塩基配列情報によると、特異な形態を持つカワゴケソウ科がクロンキスト体系でオトギリソウ科とされていたグループ内に含まれることが判明したのだ！

図23　**カワゴケソウはフクギやオトギリソウに近縁だった！**

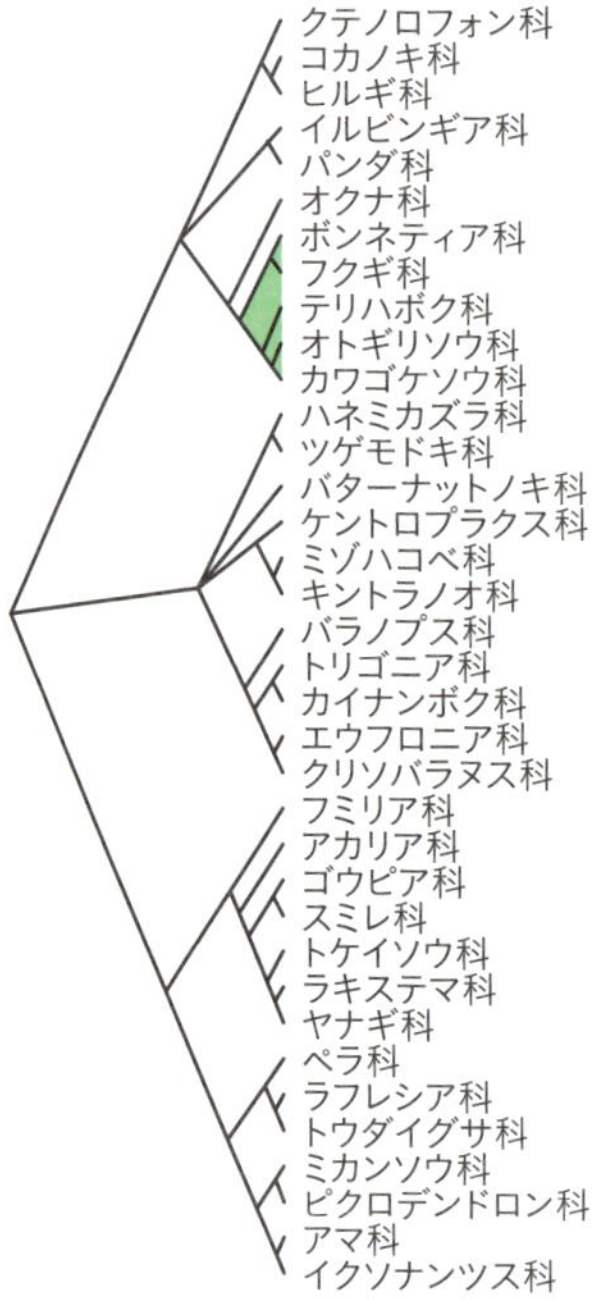

1. フクギ科のマンゴスチンの果実、**2.** 沖縄本島のフクギ並木、**3.** オトギリソウ科（ビヨウヤナギ）の花、**4.** カワゴケソウ科（カワゴケソウ／撮影 厚井聡）。エングラー体系ではカワゴケソウ目とされていた。

カワゴケソウも含めて、これらすべてを一括してオトギリソウ科とするか、あるいは、カワゴケソウの特異性を評価して、カワゴケソウ科を認めるのであれば、残りの分類群についても、それぞれを異なった科としなければならない。APG体系では後者が採用され、クロンキスト体系のオトギリソウ科からフクギ科、テリハボク科などが独立している。

キントラノオ目にみる適応放散③
ラフレシアの正体

ラフレシアは葉を持たない寄生植物であり、世界最大の花を咲かせる植物としてよく知られている。その特異な形態からクロンキスト体系ではラフレシア目ラフレシア科として独自の位置づけがなされていた。また、

図24　ラフレシア目は消失

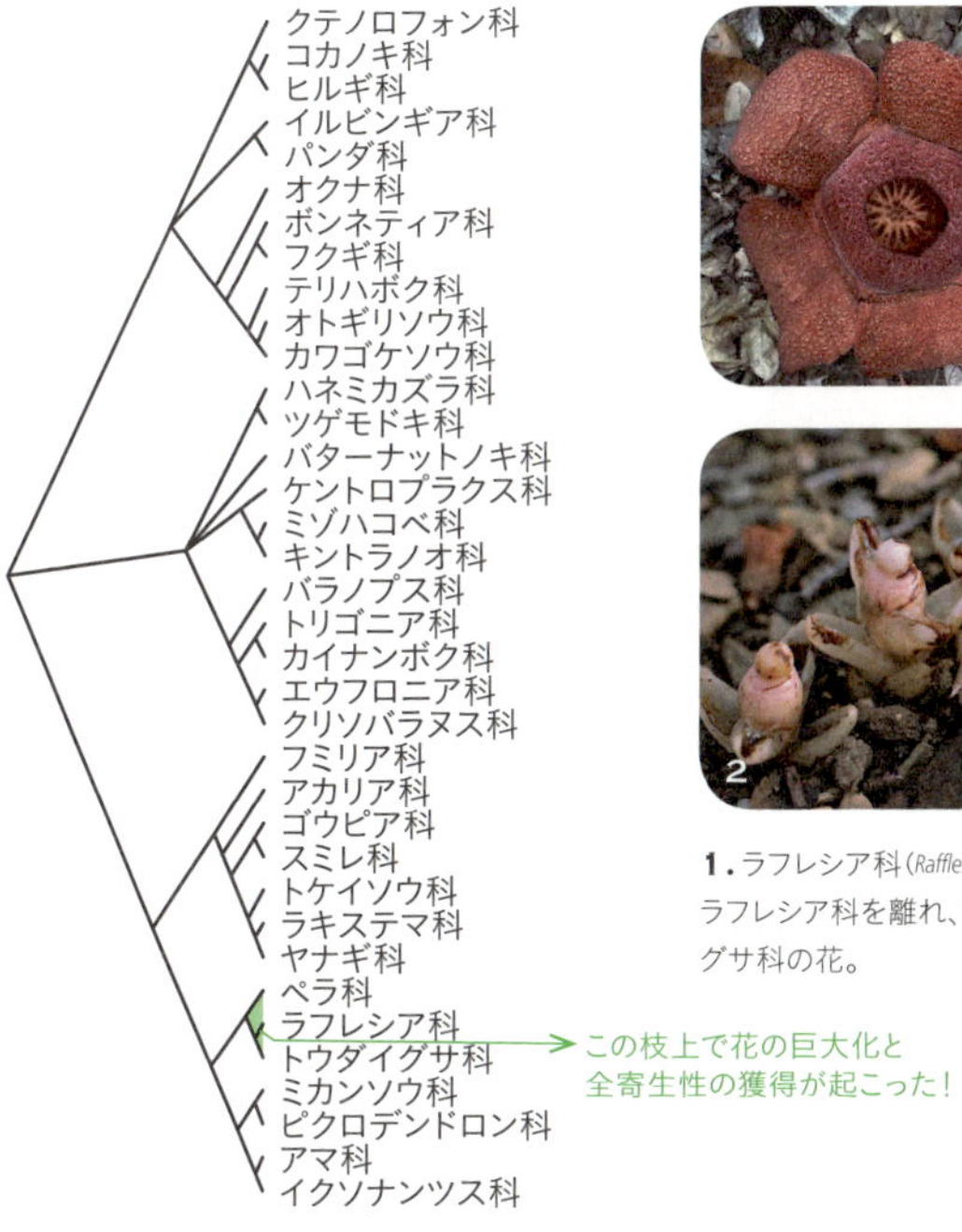

1. ラフレシア科（*Rafflesia patma*／撮影 Yayan Wahyu）、**2.** ヤッコソウ科。ラフレシア科を離れ、ツツジ目に移動、ヤッコソウ科に。**3.** トウダイグサ科の花。

新エングラー体系ではウマノスズクサ目ラフレシア科とされていた。

ラフレシアほど大きくはないが、日本にも全寄生性で比較的大型の花を咲かせるヤッコソウが自生しており、ラフレシア科に分類されていた。しかし、ＡＰＧ体系ではヤッコソウは、ツツジ目ヤッコソウ科となっている。

一方、トウダイグサ科は約三〇〇属、七五〇〇種を含む大きな科であるが、分類体系によって位置づけが大きく変遷してきた分類群である。新エングラー体系ではフウロソウ目、クロンキストではトウダイグサ目とされてきた。トウダイグサ科と近縁な科にペラ科（Peraceae）という分類群がある。研究者によっては、これをトウダイグサ科に含め、科としてペラ科を認めないという見解もあった。ＡＰＧ体系では、ラフレシア科、トウダイグサ科ともにキントラノオ目に含まれており、さらに、ラフレシア科が、従来近縁であると考えられていたトウダイグサ科とペラ科の間に位置することが明らかになった。ラフレシアとトウダイグサはきわめて近い関係にあるのだ。

こういった状況に対して、①ペラ科、ラフレシア科、トウダイグサ科をすべてトウダイグサ科とする、②ラフレシア科とトウダイグサ科をトウダイグサ科とする、③ペラ科、ラフレシア科、トウダイグサ科をすべて独立した科とする、という対応があり得るが、ＡＰＧⅢ体系ではラフレシアの特徴ある形態を重視して、ラフレシア科を認めた③が採用されている。

ペラ科、トウダイグサ科は一般に小さな花を多数開花させるのに対して、ラフレシアは一つの巨大な花を咲かせる。ラフレシアへと至る系統樹の枝の中で、全寄生性を獲得するとともに、花の数の減少と著しい巨大化が起こったのだ。

バラ目からセリ目に大移動したトベラ科

トベラ科には七〜九属の植物が含まれている。新エングラー体系、クロンキスト体系ともに花の類似性からバラ目に属していたが、ＡＰＧ体系では意外にもセリ目に含まれている。

中核真正双子葉類は大きくバラ類とキク類に分かれるが、トベラ科はただ単に目が変わっただけでなく、さらにそれよりも上位の分類ランクにおける変更（バラ類からキク類へ）があったのだ。

トベラ科以外のセリ目メンバーはウコギ科とセリ科である。これらの目では一般に多数の小さな花をつける。これに対してトベラ科はトベラ属をはじめとして美しい花をつけるものが多い。

分子情報がなければ、トベラ科がセリ目に置かれることはなかったであろう。

図25
維管束植物の系統中のセリ目、バラ目の位置

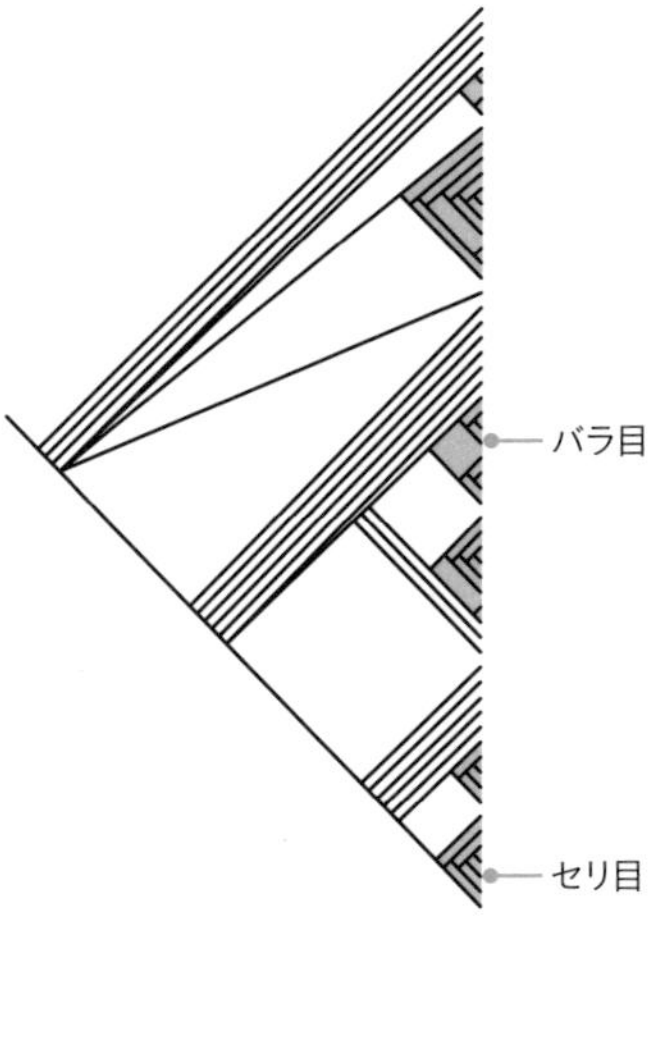

トベラ科の植物

1. トベラ、

2. 小笠原に自生するハハジマトベラ

ウコギ科の植物

3. ヤツデ、

4. ハリギリ

セリ科の植物

5. ノダケ、

6. ハナウド

図26　セリ目内の科の系統関係

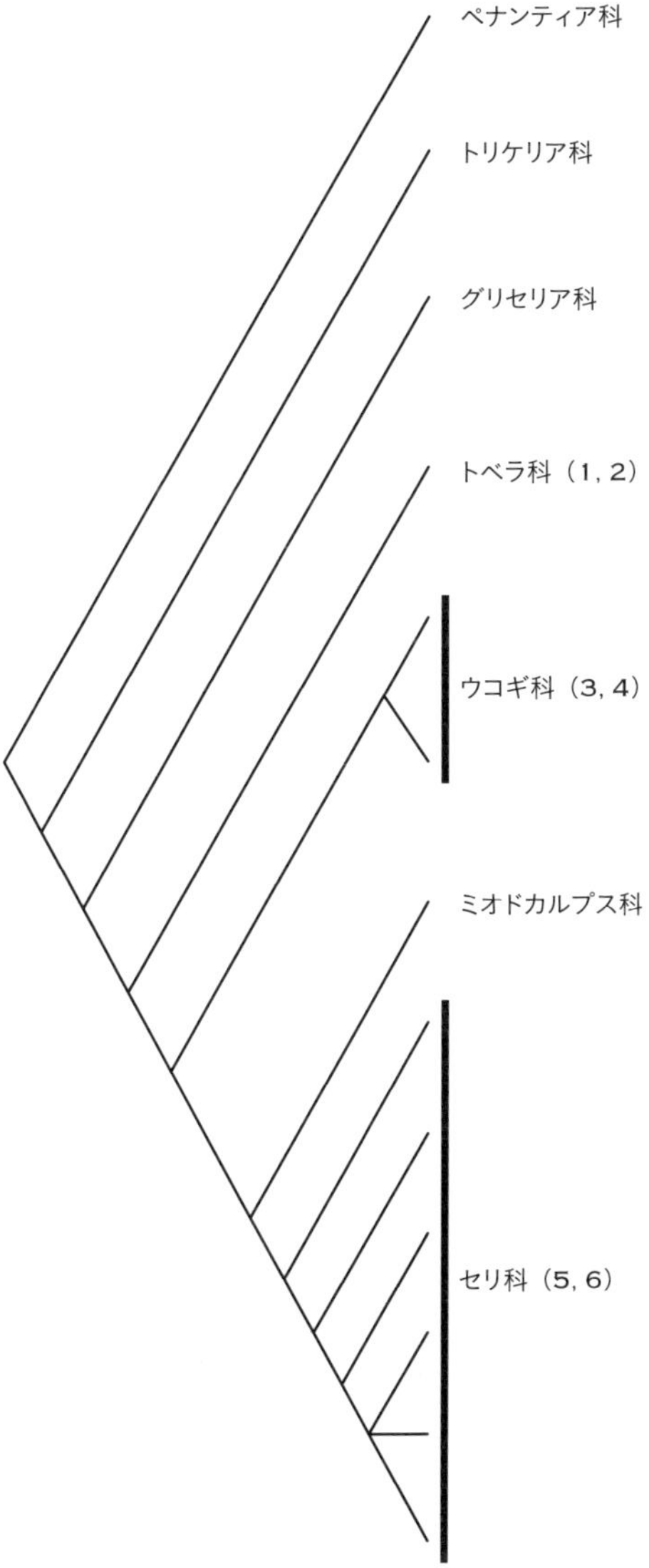

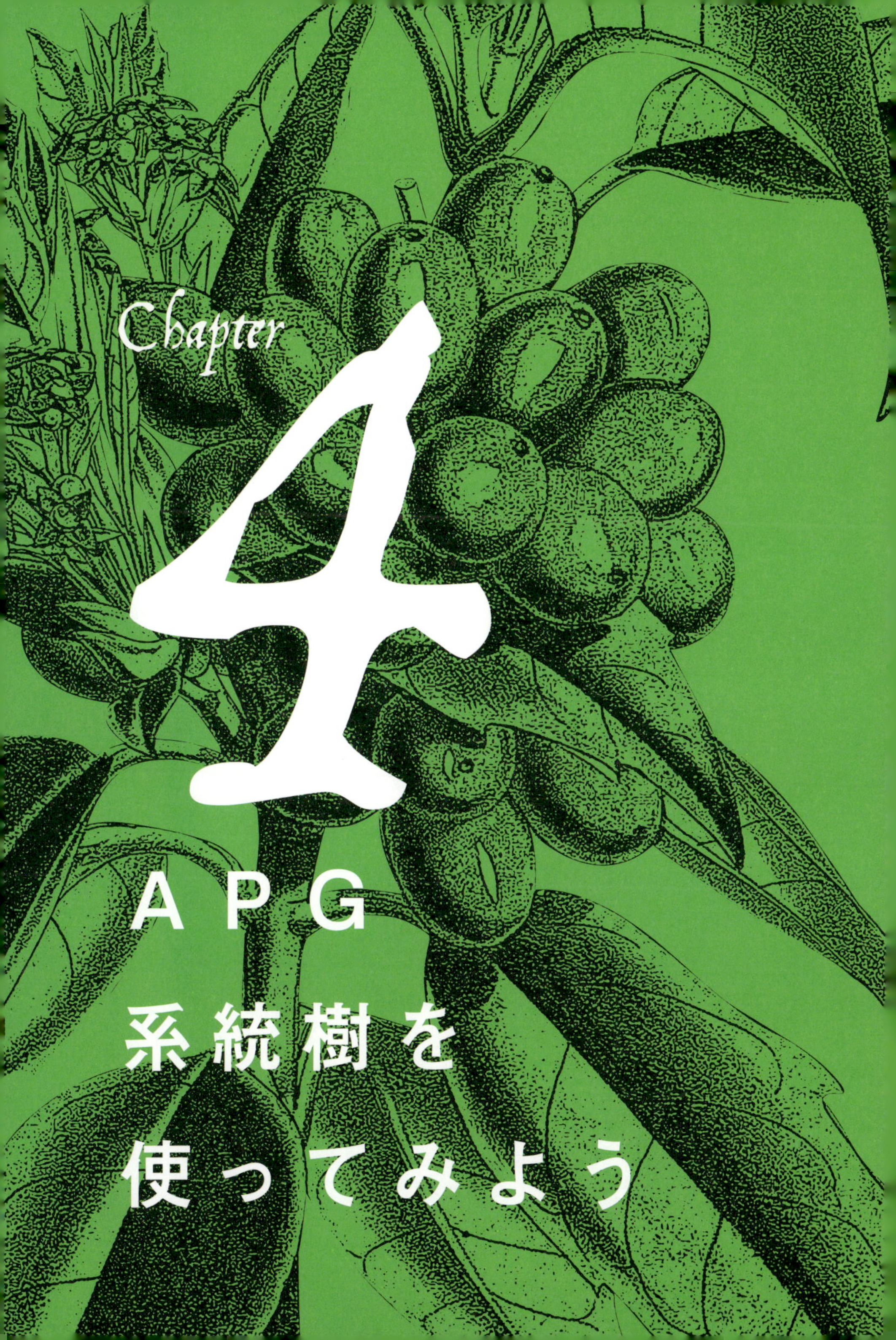

Chapter 4

APG系統樹を使ってみよう

目という分類階級は、
植物の形態や生態の進化への理解を深める視点をもたらしてくれる。
APGによって手に入った
目の系統樹の楽しみ方を紹介しよう。

異なった分類群の生物が類似した形質（特徴）を示すことがある。そのような現象は、二つの異なったプロセスによってもたらされる。

一つは、異なった分類群で共有される形質が、両者の共通祖先からもたらされたケースであり、そのような形質は相同と呼ばれる。もう一つは、分類群間で共有される形質が共通祖先から引き継がれたものではなく、それぞれの分類群で独立して獲得されたケースである。生物は適応進化によって形質を変化させる。類縁関係のない分類群間でも、環境への適応方法が類似していると、類似した形質が独立に進化することもある。これが収斂《しゅうれん》であり、このプロセスによる形質の類似が相似である。

分類群間の系統関係は相同な形質の比較解析によって明らかにすべきなのだが、形質の類似性が、相同あるいは相似によるのか、両者を識別するのは必ずしも容易ではない。相同と相似の識別が困難だった有名な例として、アフリカの大地溝帯に点在する湖に生息するシクリッド科の魚類をあげるこ

図1　アフリカ大地溝帯の湖に生息するシクリッド科魚類

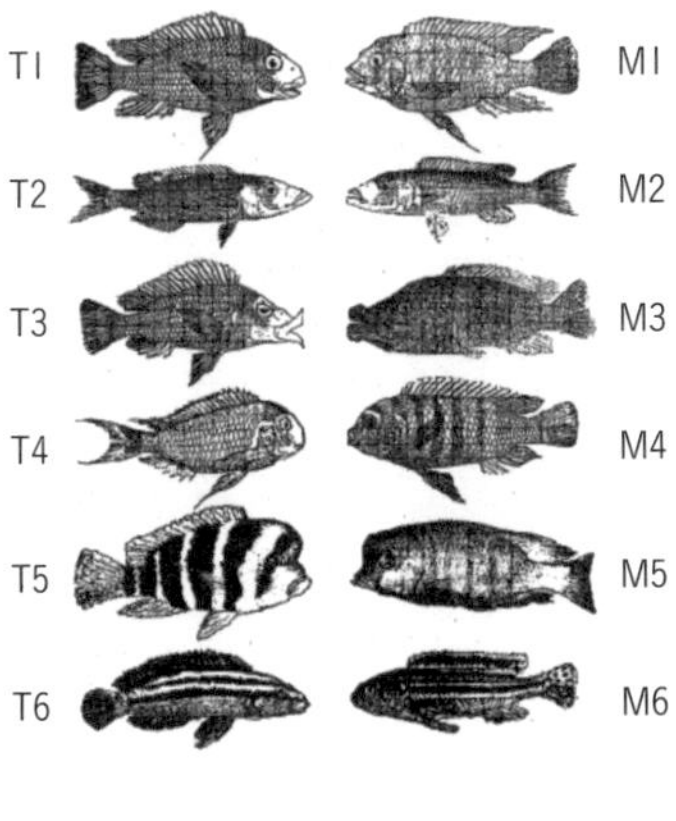

タンガニーカ湖（T1〜T6）とマラウィ湖（M1〜M6）に生育する種の一部を示した。

図2　相同と相似

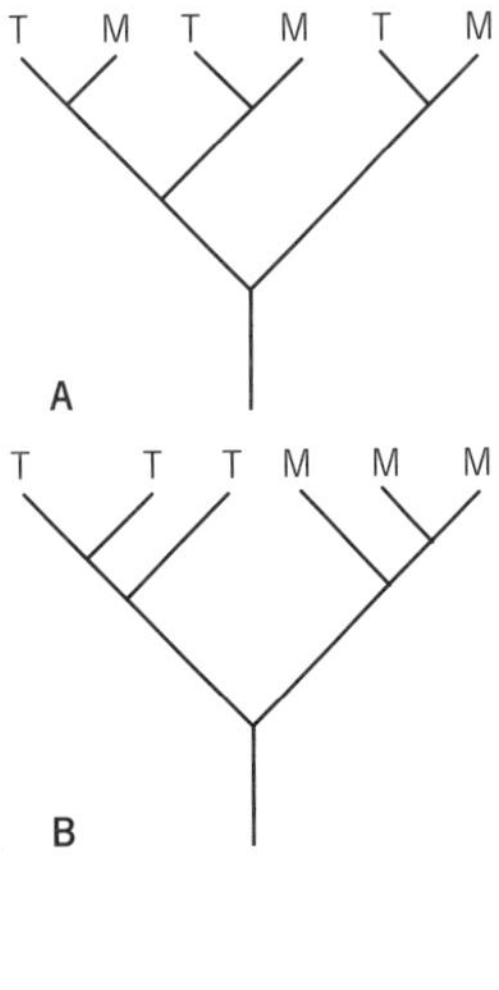

とができる。図1にはタンガニーカ湖に生育する種（T1〜T6）とマラウィ湖に生息する種（M1〜M6）の一部を示しているが、二つの湖には例えば、T1とM1、T2とM2のように、類似した形態の種が共通して生息している。これらの種はどうして似ているのであろうか。類似した形質は、共通の祖先から引き継いだ形質（相同）によるのか、あるいは、それぞれの湖で環境への適応の結果、個別に獲得（収斂）されたものなのか。形態形質の比較による解析ではこの問いに答えることは困難だ。一方、DNAの塩基配列を用いた分子系統解析には、①DNA塩基配列の多くは中立であり収斂の影響を受けにくいこと、②分類群間で比較できる形態形質の数に比べるとDNA塩基配列には極めて多くの変異情報が含まれていること、③DNA塩基配列情報はすべての生物が保有しているので、さまざまな生物間で比較解析が可能であること、等の特長がある。タンガニーカ湖とマラウィ湖のシクリッドの疑問に関しては、分子系統解析が行われるようになった比較的初期の段階で、明確な解答が得られている。

湖間で似た形態を持つ別種が、それぞれの共通祖先の形質を引き継いでいるために類似している場合は、系統関係は図2－Aのようになるが、それぞれの湖で適応放散が起こり、種間で収斂が起こった場合には、系統関係は図2－Bのようになるはずである。分子系統解析で得られた系統樹は図2－Bのように、湖ごとに別系統の種群が生息しているというものであった。このことから、T1とM1、T2とM2などに見られる類似性は、別々の湖で、特定の採餌様式などに適応した結果、収斂して得られたものであることが明らかになったのである。

このように、分子系統解析によって推定された系統樹の上で、ある形質の分布や変化様式を見ることにより、その形質の相同性と相似性を識別でき、進化の起こった回数や時期について推定が可能になる。また、APG体

系のような大きな系統樹では、被子植物に見られる食虫性や窒素固定能のように、簡単には進化し得ないと思えるような形質でも、何度進化が起こったかということまで理解することができるのである（食虫性と窒素固定能の進化については一二八〜一三三ページを参照のこと）。

実は重要だった花粉の穴の数

花粉には穴や溝があり、花粉が雌しべの柱頭まで到達した後に、その穴（または溝）から花粉管が伸長する。この花粉の穴や溝の数は種ごとに決まっていて、大部分は一個または三個である。単子葉植物は多くの種で花粉の穴は一個であるが、双子葉植物では基本的に一個のものと三個のものがある。このため、花粉の穴の数は系統とはあまり関係なく変化するものと考えられてきた。

ＤＮＡ塩基配列を用いた系統解析の結果、従来用いられてきた「双子葉植物」という分類群は、基部被子植物と呼ばれる祖先的なグループと、真正双子葉類という派生的な二つのグループに分かれることが明らかになった。そして、新たに認識された真正双子葉植物では、ほとんどの種において花粉には三個の穴があったが、新エングラー分類体系で双子葉植物とされていた植物のうち、一つ穴の花粉を持つものは、多くが基部被子植物とされたものであった。

これらのことから、花粉の穴は一個が祖先的であり、三個の穴の花粉は真正双子葉植物の進化とともに獲得されたものであることがわかった。花粉の穴の数は、被子植物の大系統を反映する重要な形質だったのだ。

図3 新エングラー体系の目と花粉の穴の数

▶被子植物門 Angiospermae

▶双子葉植物綱 Dicotyledoneae

古生花被植物亜綱 Archichlamydeae

- モクマオウ目 Casuarinales
- クルミ目 Juglandales
- ヤナギ目 Salicales
- ブナ目 Fagales
- イラクサ目 Urticales
- ヤマモガシ目 Proteales
- ビャクダン目 Santalales
- ツチトリモチ目 Balanophorales
- タデ目 Polygonales
- アカザ目 Centrospermae
- サボテン目 Cactales
- モクレン目 Magnoliales
- キンポウゲ目 Ranunculales
- コショウ目 Piperales
- ウマノスズクサ目 Aristolochiales
- オトギリソウ目 Guttiferales
- サラセニア目 Sarraceniales
- ケシ目 Papaverales
- バラ目 Rosales
- カワゴケソウ目 Podostemales
- フウロソウ目 Geraniales
- ミカン目 Rutales
- ムクロジ目 Sapindales
- ニシキギ目 Celastrales
- クロウメモドキ目 Rhamnales
- アオイ目 Malvales
- ジンチョウゲ目 Thymelaeales
- スミレ目 Violales
- ウリ目 Cucurbitales
- フトモモ目 Myrtiflorae
- セリ目 Umbelliflorae

合弁花植物亜綱（後生花被植物亜綱）

- イワウメ目 Diapensiales
- ツツジ目 Ericales
- サクラソウ目 Primulales
- イソマツ目 Plumbaginales
- カキノキ目 Ebenales
- モクセイ目 Oleales
- リンドウ目 Gentianales
- シソ目 Tubiflorae
- オオバコ目 Plantaginales
- マツムシソウ目 Dipsacales
- キキョウ目 Campanulales

▶単子葉植物綱 Monocotyledoneae

- イバラモ目 Helobiae
- ホンゴウソウ目 Triuridales
- ユリ目 Liliiflorae
- イグサ目 Juncales
- パイナップル目 Bromeliales
- ツユクサ目 Commelinales
- イネ目 Graminales
- ヤシ目 Principes
- パナマソウ目 Synanthae
- サトイモ目 Spathiflorae
- タコノキ目 Pandanales
- カヤツリグサ目 Cyperales
- ショウガ目 Scitamineae
- ラン目 Microspermae

■は一つ穴の花粉をもつ目。単子葉植物はすべて一つ穴だが、双子葉植物ではまとまっておらず、花粉の穴の数は系統とは関係ないものと考えられていた。

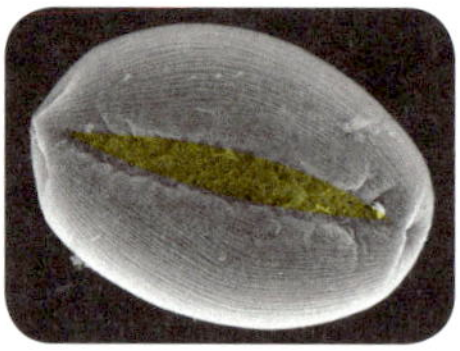

ハゴロモモ（スイレン目）の花粉
（撮影 伊藤元己）

ところがAPG体系では、一つ穴の花粉をもつ目は基部被子植物と単子葉植物にまとまった（ウマノスズクサ科はコショウ目に含められ、ウマノスズクサ目は消失）。

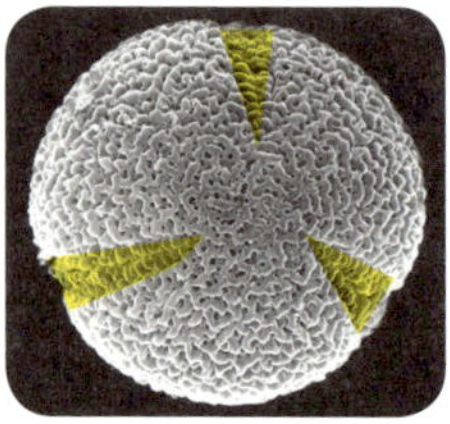

ハス（ヤマモガシ目）の花粉
（撮影 伊藤元己）

三つ穴の花粉は、真正双子葉植物が登場するときに獲得したものだったのだ！

図4 APG体系の目と花粉の穴の数(黒字が一つ穴花粉をもつ目)

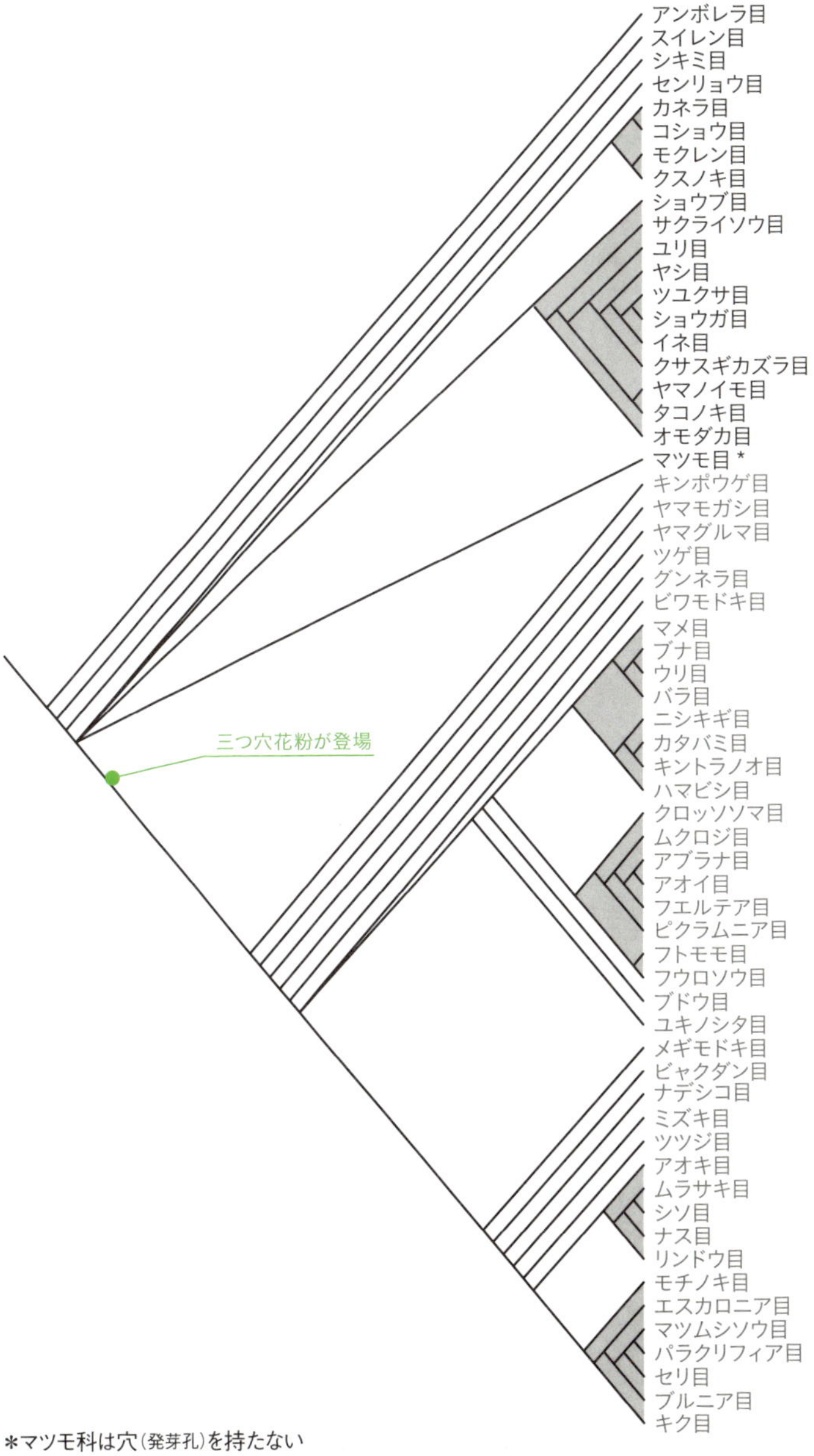

＊マツモ科は穴(発芽孔)を持たない

木と草と

二次成長する維管束形成層を持ち、横方向に肥大成長することで材を形成するのが樹木の特徴である。二次成長ができることは光をめぐる競争できわめて有利なものである。優れた木材を生産するスギ、ヒノキ、マツなどが裸子植物であることからもわかるように、二次成長という形質は、すでに裸子植物において完成の域に達している。

ところが、被子植物では、不安定な環境下で素早く成熟したり、あるいは安定していても弱い光しか当たらない場所で、小さいサイズのまま成熟して有性生殖を行う草本という生き方をするものも多く見られる。草本は維管束形成層を持たず、二次成長しない。しかし、草本に進化した後で、寿命を長くし大きく育つことが有利な条件に適応し、草本から樹木へと形を変えたものもある。このような進化は被子植物の中で複数回独立に起こっている。

しかしながら、一度失った二次成長という形質を、再び進化させて獲得するのは容易ではない。維管束形成層は何億年もかけてできあがった形質なのだ。樹木から草本へ、そして再び樹木という経路で二次的に樹木になった被子植物は、それぞれが不器用ともいえる独特の方法で樹木化を図っている。

現在のキク科の植物は、そのほとんどが草本の植物であるが、熱帯や大洋島ではしばしば木本植物となった種が出てくる。日本では小笠原諸島でキク科植物の木本化の例が見られる。小笠原固有種のワダンノキは、五メートルほどになる木本植物であり、母島の石門《せきもん》から乳房山を中心とした地域に分布している。ワダンノキは小笠原にも、その周辺地域にも近縁種がないため、どのように進化したかはわかっていない。しかし、小笠原に産するも

図5　アゼトウナ属*Crepidiastrum*における木本性の進化

う二種類の木本になったキク科、ヘラナレンとユズリハワダンは、同じく小笠原産のキク科多年生草本のコヘラナレンと非常に近縁であり、本州に産するワダンなどに類縁があるため、小笠原で草本から木本に進化したと考えられている。この二種のキク科草本は木本と言っても高さが二メートルにも満たないものであり、ワダンノキも含め、本格的な樹木にはなりきれていない。

樟脳の香りは一億年前に

早春の山野を飾るコブシやタムシバはモクレン科の植物である。モクレン科の樹木の葉を揉むと、クスノキに似た精油の良い香りがする。花の様子はずいぶん違うのに、どうしてこんなに似た香りがするのだろう？

最も祖先的な被子植物であるアンボレラ目からスイレン目、シキミ目と続き、その次に分岐したのがモクレン類としてまとめられるモクレン目、クスノキ目、コショウ目、カネラ目の四目である。モクレン類を構成する植物、花の形態は異なっているが、共通して精油を合成する。

これらの植物は初期の被子植物として、昆虫を送粉者として利用し始めたのだが、現在、送粉者として活躍している、チョウやハチは一億年前にはまだ存在せず、もっぱら甲虫類を相手にせざるを得なかった。そして、花にやってくる甲虫類は立派な顎《あご》を持ち、花粉を運ぶだけでなく、植物体にも手（顎を？）を出してしまいがちだ。

モクレン類が食害回避のために精油を生産するのは、一億年前に植物と昆虫が密接な関係を結び始めた頃に始まったのだろう。防虫剤として使われる樟脳《しょうのう》がクスノキから採れること、コショウに防腐、防虫効果があることにも理由があるのだ。

図6　クスノキに似た香りの精油をもつ目は?

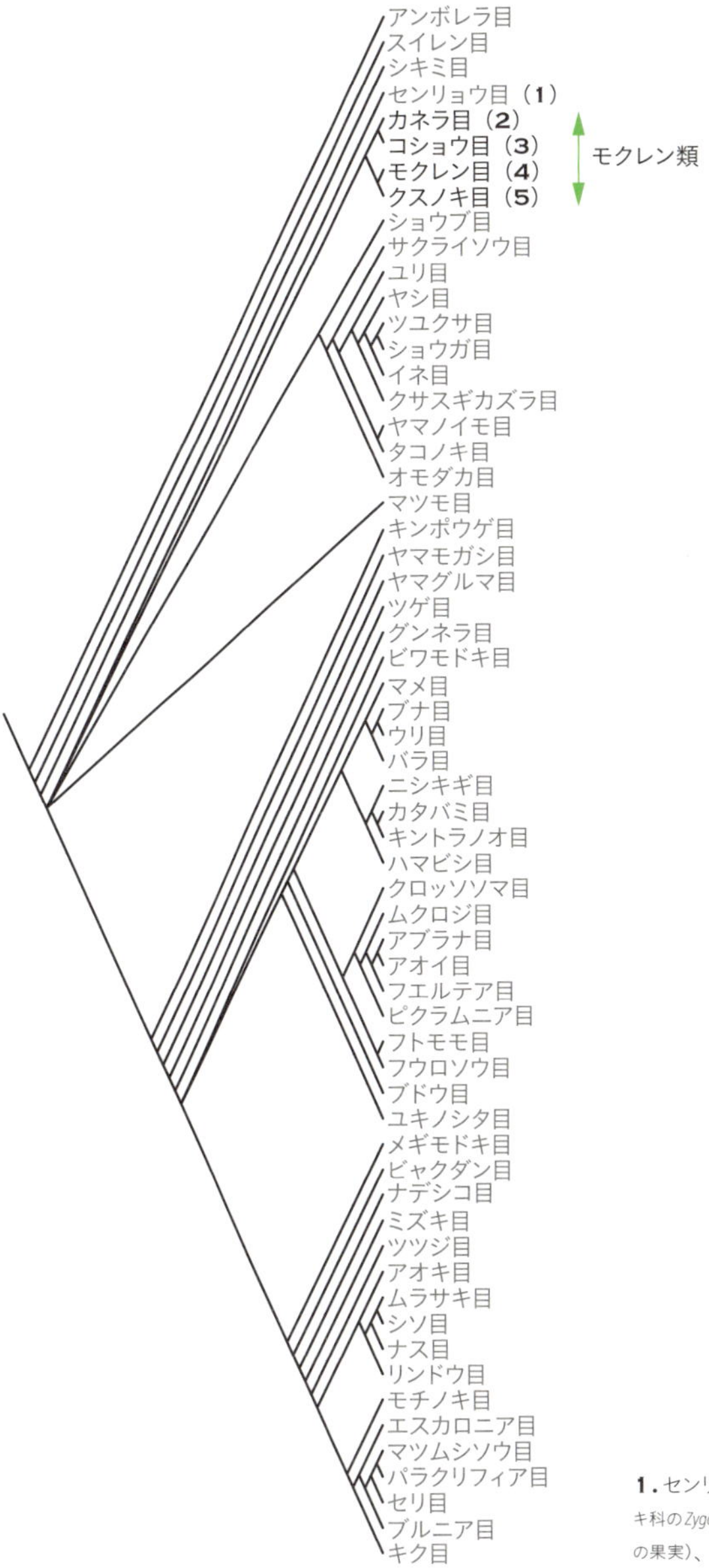

1. センリョウ目（ヒトリシズカ）、**2.** カネラ目（シキミモドキ科の *Zygogynum pancheri*）、**3.** コショウ目（フウトウカズラの果実）、**4.** クスノキの花（クスノキ目クスノキ科）。葉に精油を含み、芳ばしい香りがある。**5.** ホオノキの花（モクレン目モクレン科）。

被子植物の窒素固定は一つの進化から始まった

バクテリアとの共生によって空中の窒素ガスを固定する窒素固定能を示す植物は、美しい花を咲かせるマメ科（マメ目）の植物以外にも、新エングラー体系に基づくとさまざまな目の植物で知られている。例えば、モクマオウ科（モクマオウ目）、カバノキ科（ブナ目）、ドクウツギ科（ムクロジ目）、ナギナタソウ科（スミレ目）、バラ科（バラ目）、クロウメモドキ科（クロウメモドキ目）、グミ科（ジンチョウゲ目）、などである。これらの目は、新エングラー体系では被子植物全体の系統樹の中で離れた位置関係にあるため、窒素固定能をもつバクテリアとの共生は、それぞれ独立して進化したと考えられてきた。

しかしながら、これらの目はＡＰＧ体系ではマメ目のマメ科、ブナ目のモクマオウ科とカバノキ科、ウリ目のナギナタソウ科、バラ目のバラ科、クロウメモドキ科、グミ科に属している。そして、マメ目、ブナ目、ウリ目、バラ目は一つのクレードにまとまっている。このことから、一億年以上前に共生による窒素固定能を獲得するため必要な基本的進化が、このクレードの基部で一度起こったと考えられている。それ以降、このクレードの中で窒素固定能の喪失と獲得が繰り返し起こっている。

系統関係に関する正しい情報がないと、窒素固定能のための共生は被子植物の歴史の中で何度も発生したように思えるが、ＡＰＧ体系に基づく解析では、一度の大きな進化を引き継ぐクレードの中でのみ、共生による窒素固定能の獲得まで進化が起こったことがわかるのだ。

図7 窒素固定を行う目は?

マメ目マメ科(クズ)

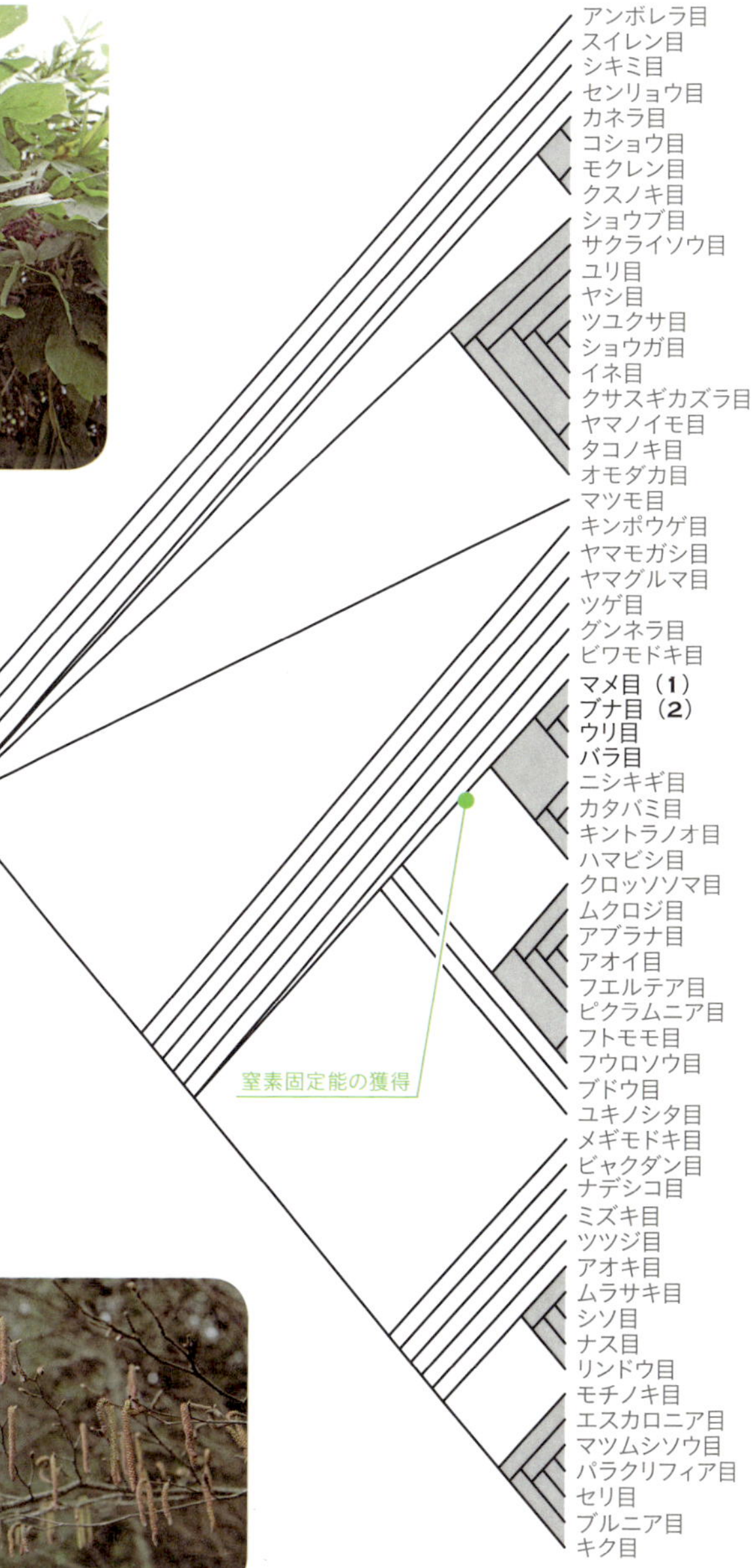
アンボレラ目
スイレン目
シキミ目
センリョウ目
カネラ目
コショウ目
モクレン目
クスノキ目
ショウブ目
サクライソウ目
ユリ目
ヤシ目
ツユクサ目
ショウガ目
イネ目
クサスギカズラ目
ヤマノイモ目
タコノキ目
オモダカ目
マツモ目
キンポウゲ目
ヤマモガシ目
ヤマグルマ目
ツゲ目
グンネラ目
ビワモドキ目
マメ目(1)
ブナ目(2)
ウリ目
バラ目
ニシキギ目
カタバミ目
キントラノオ目
ハマビシ目
クロッソソマ目
ムクロジ目
アブラナ目
アオイ目
フエルテア目
ピクラムニア目
フトモモ目
フウロソウ目
ブドウ目
ユキノシタ目
メギモドキ目
ビャクダン目
ナデシコ目
ミズキ目
ツツジ目
アオキ目
ムラサキ目
シソ目
ナス目
リンドウ目
モチノキ目
エスカロニア目
マツムシソウ目
パラクリフィア目
セリ目
ブルニア目
キク目
窒素固定能の獲得

ブナ目カバノキ科

何度も独立に進化した食虫性

さまざまな方法で虫などを捕獲し養分とする食虫植物は約四八〇種が知られている。

植物が食虫性を実現させるためには、獲物の捕獲や養分の吸収のために複雑な形質の獲得が必要であり、その進化は容易でないことが予想されるが、被子植物全体の系統樹の中で、食虫植物は五か所に分かれて分布しており、食虫性が複数回進化したことがわかる。

食虫性の進化は容易ではないが、共生による窒素固定能力の獲得よりは多く起こっている。また、食虫性が進化した五個の分類群の中でもシソ目とナデシコ目は種数が多く、食虫植物のホットスポットとなっている。

図8　**食虫植物を含む目は散在している**

1. 中核真正双子葉植物マメ類のカタバミ目フクロユキノシタ科のフクロユキノシタ（撮影 長谷部光泰）、**2.** ナデシコ目ウツボカズラ科ウツボカズラ属の一種、**3.** ナデシコ目モウセンゴケ科のイシモチソウ、**4.** ナデシコ目モウセンゴケ科のハエトリグサ、**5.** ツツジ目サラセニア科ランチュウソウ属の一種、**6.** シソ目タヌキモ科のタヌキモ、**7.** シソ目タヌキモ科ムシトリスミレ属の園芸品種・食虫植物は系統樹のあちこちに分布している。これは、食虫性が何度も独立に進化したことを意味する。シソ目では180種ほど、ナデシコ目では280種ほどの食虫性の種が知られる。

ナデシコ目の食虫性――方針の後に方法が決まる！

食虫植物はいろいろな方法で獲物を捕獲している。袋の中にためた液体の中に獲物を落とすウツボカズラ（落とし穴式）、葉の表面から粘液を出し獲物を絡めとるモウセンゴケ（粘着式）、素早く葉を閉じて獲物を閉じ込めるハエトリグサやムジナモ（はさみ罠式）などがある。これらの装置はすべて葉が変形したものである。一体どのような遺伝的変異でこのような多様な仕組みが進化したのだろうか。

意外なことに、ナデシコ目では一つの目内で、これら多様な食虫性が進化している。さらに、これほどの形の違う食虫様式が目の中で独立に進化したのではなくて、ナデシコ目内で、食虫植物はひとつのクレードを形成している。

ナデシコ目内の科の系統関係と多様な捕虫方法。系統関係と捕虫の方法の関連性は弱い。捕虫性を獲得した後、それぞれの生育環境に適した捕虫方法を獲得していったのだろう。

1. はさみ罠式（モウセンゴケ科ハエトリグサ属のハエトリグサ）、
2. はさみ罠式（モウセンゴケ科ムジナモ属のムジナモ）、
3. 粘着式（モウセンゴケ科モウセンゴケ属のイシモチソウ）、
4. 落とし穴式（ウツボカズラ科ウツボカズラ属の一種）、
5. 粘着式（ドロソフィルム科の *Drosophyllum lusitanicum*／撮影 長谷部光泰）

図9　ナデシコ目内の食虫性の進化

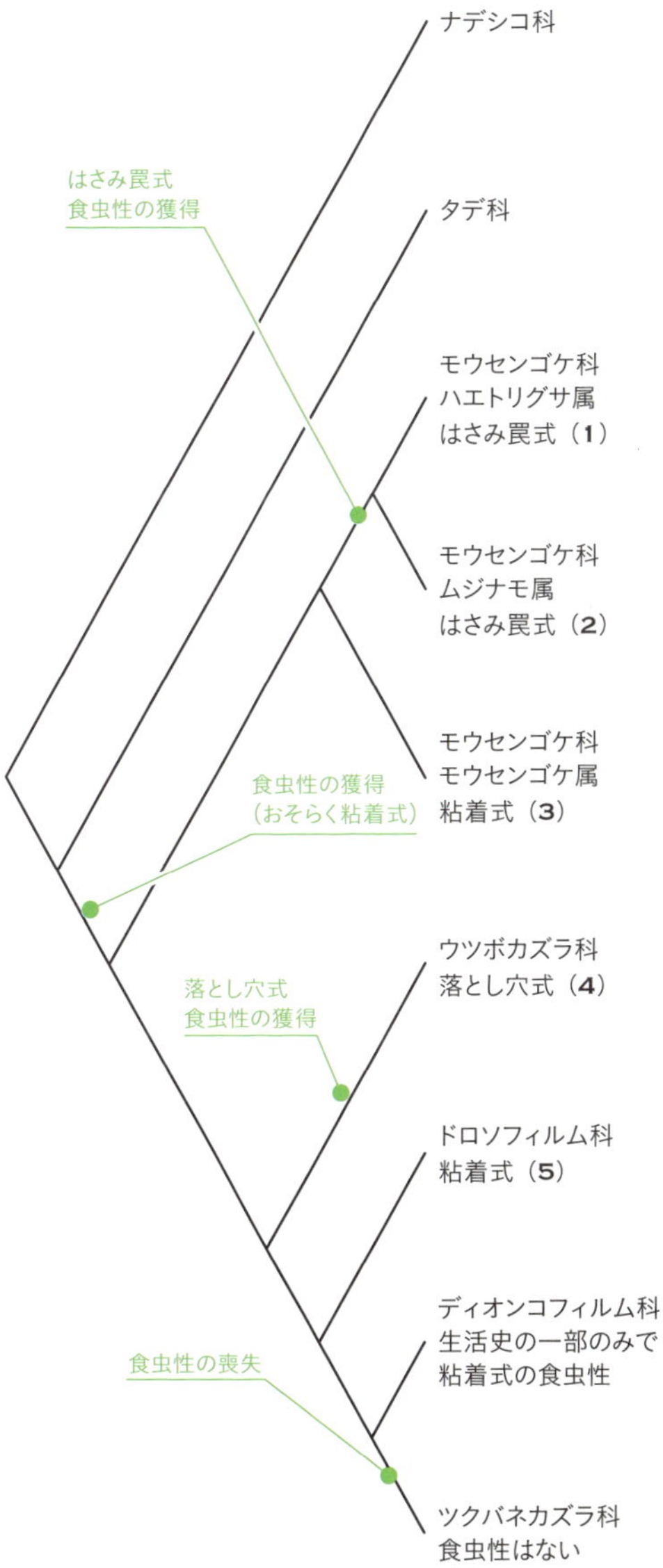

系統解析の結果、ナデシコ目の中で最初に進化したと思われる粘着式から、落とし穴式、袋罠式、はさみ罠式が派生してきたと考えられている。

あるクレードの基部でまずは食虫性という方針が決まり、その後、さまざまな食虫方法が編み出されてきたかのようだ。

訪花昆虫と縁を切ったブナ目

ブナ目の植物は風媒による送粉を行っており、花は目立った花弁を持たず、マツやスギなどの裸子植物と似通っている。新エングラー体系では、このような花の性質は、裸子植物との系統的な類似性を反映していると考えられていた。そのため、APG体系でブナ目となっている科（ブナ科、ヤマモモ科、クルミ科、モクマオウ科、カバノキ科）は、新エングラー体系では、モクマオウ目（モクマオウ科）、クルミ目（ヤマモモ科、クルミ科）、ブナ目（カバノキ科、ブナ科）などとしてまとめられ、古生花被亜綱のなかでも祖先的なグループとして扱われていた。

しかしながら、ブナ目はAPG体系ではウリ目やバラ目に隣接する位置づけにあり、被子植物の中で祖先的な位置にあるわけではない。現在持つ地味な花の形質は、裸子植物の形質を引き継いでいるわけではなく、二次的に獲得されたものである。もっぱら風に頼って花粉を飛ばしていた裸子植物の方法から脱却して、昆虫など生物を送紛者として利用するのが、初期の被子植物が成し遂げたブレークスルーなのだが、ブナ目は、昆虫との縁を切り、風任せの送粉に戻ったのだ（ただし、シイやクリのように、この形態で昆虫を呼び寄せているものもある）。このような風媒への回帰はブナ目に限らない。分子系統樹を見渡すと、そのあちこちで風媒への変化が起こっている。

図11

APG体系のブナ目植物の新エングラー体系における双子葉植物内での位置

- ▶ 被子植物門 Angiospermae
- ▶ 双子葉植物綱 Dicotyledoneae
  - 古生花被植物亜綱 Archichlamydeae
    - モクマオウ目 Casuarinales
    - クルミ目 Juglandales
    - ヤナギ目 Salicales
    - ブナ目 Fagales
    - イラクサ目 Urticales
    - ヤマモガシ目 Proteales
    - ビャクダン目 Santalales
    - ツチトリモチ目 Balanophorales
    - タデ目 Polygonales
    - アカザ目 Centrospermae
    - サボテン目 Cactales
    - モクレン目 Magnoliales
    - キンポウゲ目 Ranunculales
    - コショウ目 Piperales
    - ウマノスズクサ目 Aristolochiales
    - オトギリソウ目 Guttiferales
    - サラセニア目 Sarraceniales
    - ケシ目 Papaverales
    - バラ目 Rosales
    - カワゴケソウ目 Podostemales
    - フウロソウ目 Geraniales
    - ミカン目 Rutales
    - ムクロジ目 Sapindales
    - ニシキギ目 Celastrales
    - クロウメモドキ目 Rhamnales
    - アオイ目 Malvales
    - ジンチョウゲ目 Thymelaeales
    - スミレ目 Violales
    - ウリ目 Cucurbitales
    - フトモモ目 Myrtiflorae
    - セリ目 Umbelliflorae
  - 合弁花植物亜綱（後生花被植物亜綱）
    - イワウメ目 Diapensiales
    - ツツジ目 Ericales
    - サクラソウ目 Primulales
    - イソマツ目 Plumbaginales
    - カキノキ目 Ebenales
    - モクセイ目 Oleales
    - リンドウ目 Gentianales
    - シソ目 Tubiflorae
    - オオバコ目 Plantaginales
    - マツムシソウ目 Dipsacales
    - キキョウ目 Campanulales

図10

APG体系でのブナ目の位置

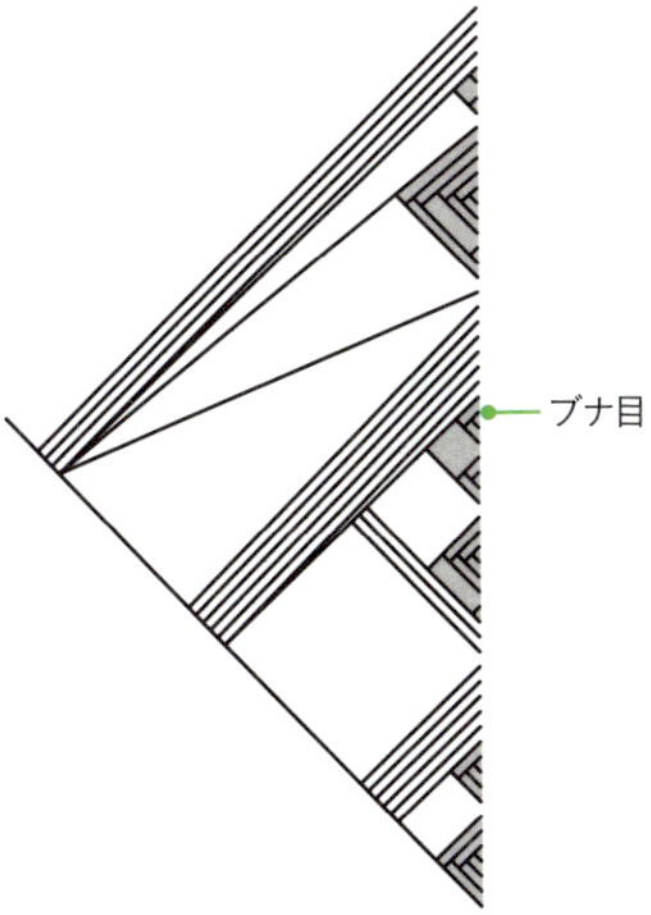

1

2

3

4

5

6

図12 **APGⅢ体系のブナ目の科の系統樹**

ブナ目の風媒花 **1.** ブナ科、**2.** ヤマモモ科(ヤマモモ)、**3.** クルミ科(オニグルミ)、**4.** カバノキ科、**5.** ナンキョクブナ科(*Nothofagus gunnii*/撮影 伊藤元己)、**6.** モクマオウ科(モクマオウ)、**7.** 裸子植物のマツ類(クロマツ)

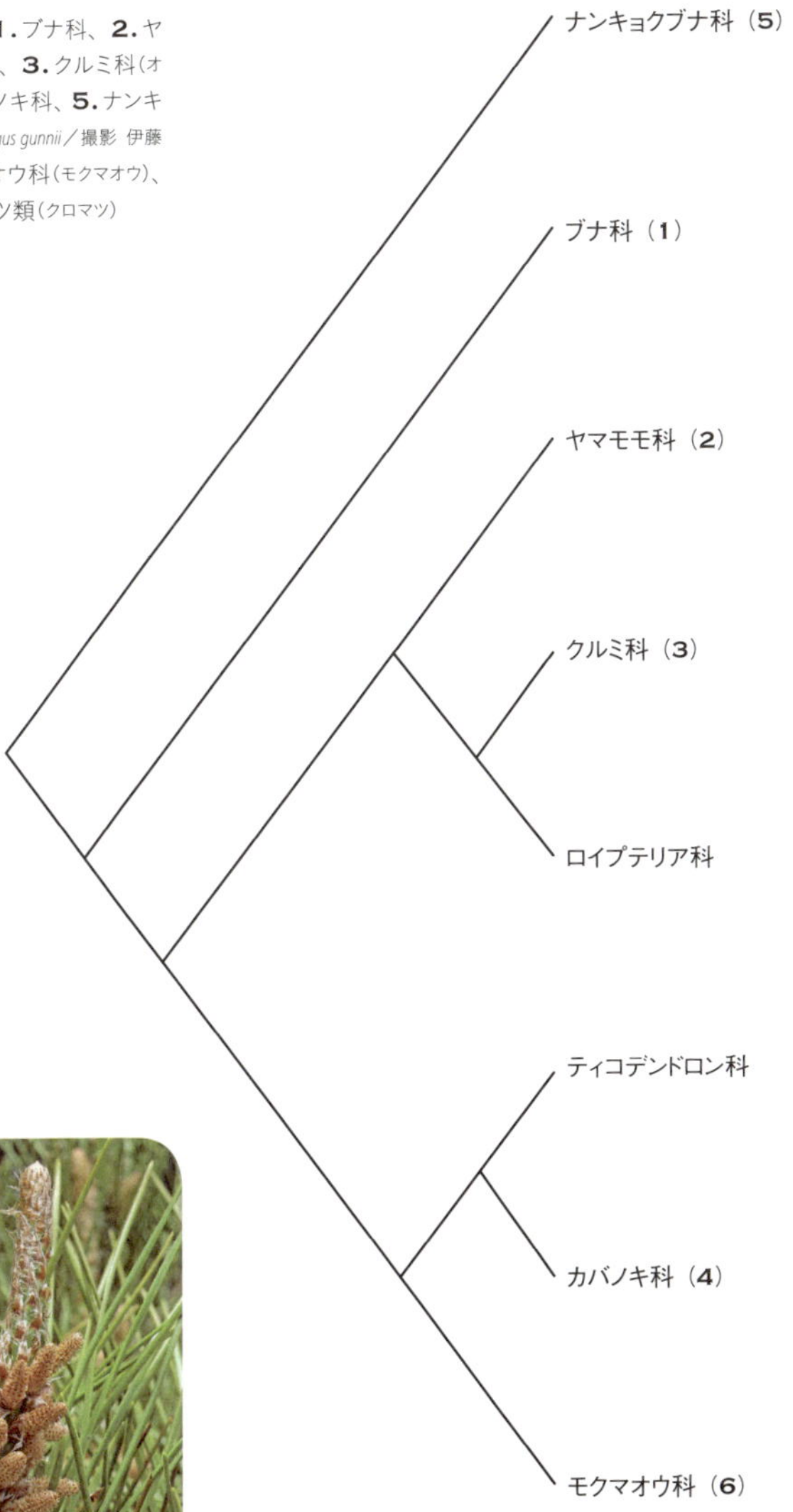

風媒の王・イネ科

一般に裸子植物には両性花は存在せず、地味な雄花や雌花をつける。見方によれば、シダ植物の胞子嚢とさほど変わらない構造をしている。ほとんどの裸子植物は風媒花であり、繁殖期には雄花から大量の花粉を飛散させる。大気中にただようスギやヒノキの大量の花粉はアレルゲンとなり、花粉症をもたらしている。

被子植物の花が裸子植物と大きく異なるのは、花弁の存在である。多様な形や色彩の花弁を用いて送紛者を引きつけ、花粉を運ばせている。風任せだった送粉に生物を利用するというブレークスルーによって、被子植物は過去一億年以上にわたって繁栄を続けてきた。

しかしながら、生物を利用した送粉が常に最も効率が良いわけではない。寒冷地や乾燥地など送粉者の少ない環境や、環境変動が大きく安定した共進化が維持できない場所、荒野や展葉前の落葉樹林のように風通しの良い場所などでは、生物よりも風に頼った方がより効率的に花粉が運ばれるだろう。

こうした環境への適応にともなって、被子植物の出現時に獲得した花弁を捨てた、地味な風媒花への進化が複数回独立に起こっている。そのような二次的な風媒花のなかでも、最も突き詰めた形質を持っているのがイネ科の植物である。

二次的な風媒植物は、送粉者を引きつける必要がなくなるた

1. イグサ科（クサイ）、しっかりした花被が残っている、**2.** イネ科（チヂミグサ）、**3.** イネ科（ススキ）

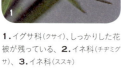

め、花弁が退化することが多いのだが、イネ目の中でもイグサ科などでは六枚のしっかりとした花被片をもっているし、トウツルモドキのように地味ながらも花弁を維持しているものもある。これに対して、イネ科では花弁がほぼ消失している。

イネ科の葯は長い花糸で花から飛び出し、小さくて表面のなめらかな花粉を空中に効率よく放出する。イネ科の雌しべの先端は細かく枝分かれしていて、空気中を漂う花粉を効率よくとらえることができる。空中に放出された低濃度の雌フェロモンをとらえるために、ガの触角が枝分かれしているのに似ている。子房内の胚珠は一個であり、一個の花からただ一個の種子を生じる。枝分かれした柱頭がたった一個の花粉をとらえれば十分なのだ。

このようにイネ科の花は、花弁、雄しべ、雌しべすべての形質が風媒を行うのに最適化されている。

図13 **イネ目内の科の系統関係**

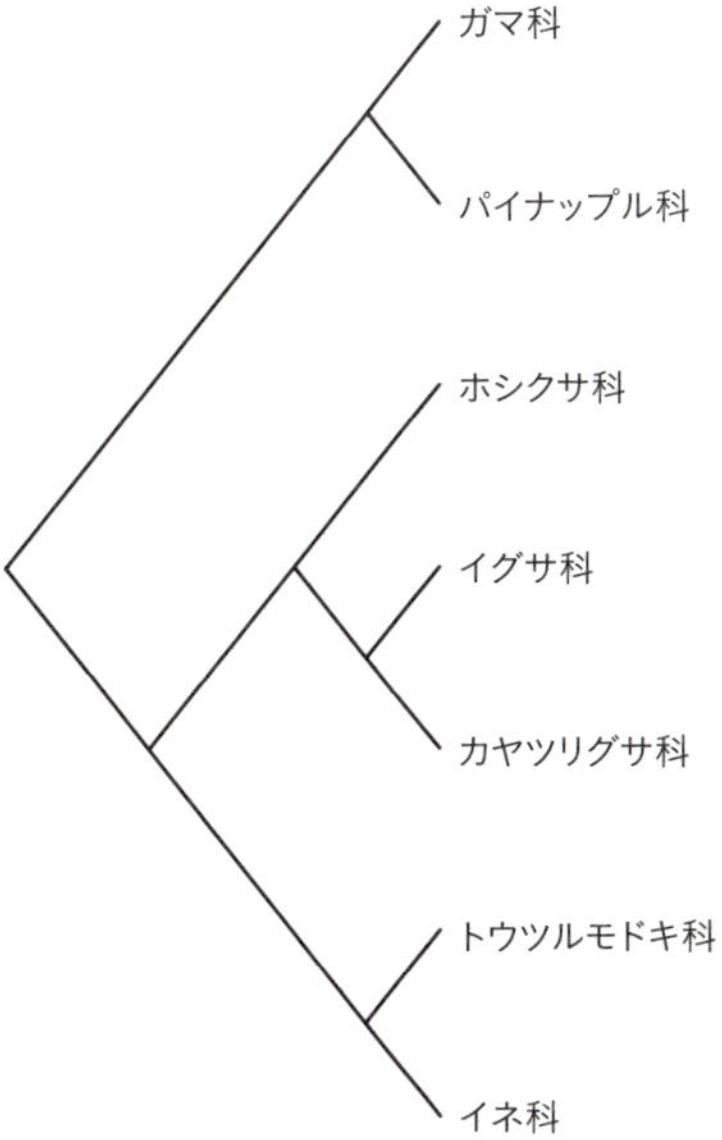

目の関係とは？

被子植物の系統樹の中で隣り合った枝に位置する目は、近縁な関係にあり、類似した形質を示すはずだ。しかしながら、APG系統樹の中には、どうしてここに？と首を傾げたくなるような目もある。

例えばウリ目とブナ目は隣り合っている。新エングラー体系では、ウリ目は最も進化したと考えられてきた合

なぜこれが隣どうし？

エングラー体系ではばらばらに離れていたウリ目、バラ目（マメ目はバラ目に含まれていた）、ブナ目が、APG体系ではひとまとまりになって隣り合っている。

1. マメ目マメ科（エンドウ）、
2. ブナ目ブナ科（コナラ）、
3. ウリ目ウリ科（ニガウリ）、
4. バラ目バラ科（バラ）

図15

エングラー体系の双子葉植物内での バラ目、ウリ目、ブナ目の位置

▶被子植物門 Angiospermae
▶双子葉植物綱 Dicotyledoneae
古生花被植物亜綱 Archichlamydeae
モクマオウ目 Casuarinales
クルミ目 Juglandales
ヤナギ目 Salicales
ブナ目 Fagales
イラクサ目 Urticales
ヤマモガシ目 Proteales
ビャクダン目 Santalales
ツチトリモチ目 Balanophorales
タデ目 Polygonales
アカザ目 Centrospermae
サボテン目 Cactales
モクレン目 Magnoliales
キンポウゲ目 Ranunculales
コショウ目 Piperales
ウマノスズクサ目 Aristolochiales
オトギリソウ目 Guttiferales
サラセニア目 Sarraceniales
ケシ目 Papaverales
バラ目 Rosales
カワゴケソウ目 Podostemales
フウロソウ目 Geraniales
ミカン目 Rutales
ムクロジ目 Sapindales
ニシキギ目 Celastrales
クロウメモドキ目 Rhamnales
アオイ目 Malvales
ジンチョウゲ目 Thymelaeales
スミレ目 Violales
ウリ目 Cucurbitales
フトモモ目 Myrtiflorae
セリ目 Umbelliflorae
合弁花植物亜綱（後生花被植物亜綱）
イワウメ目 Diapensiales
ツツジ目 Ericales
サクラソウ目 Primulales
イソマツ目 Plumbaginales
カキノキ目 Ebenales
モクセイ目 Oleales
リンドウ目 Gentianales
シソ目 Tubiflorae
オオバコ目 Plantaginales
マツムシソウ目 Dipsacales
キキョウ目 Campanulales

図14

APG体系でのマメ目、バラ目、ウリ目、ブナ目の位置

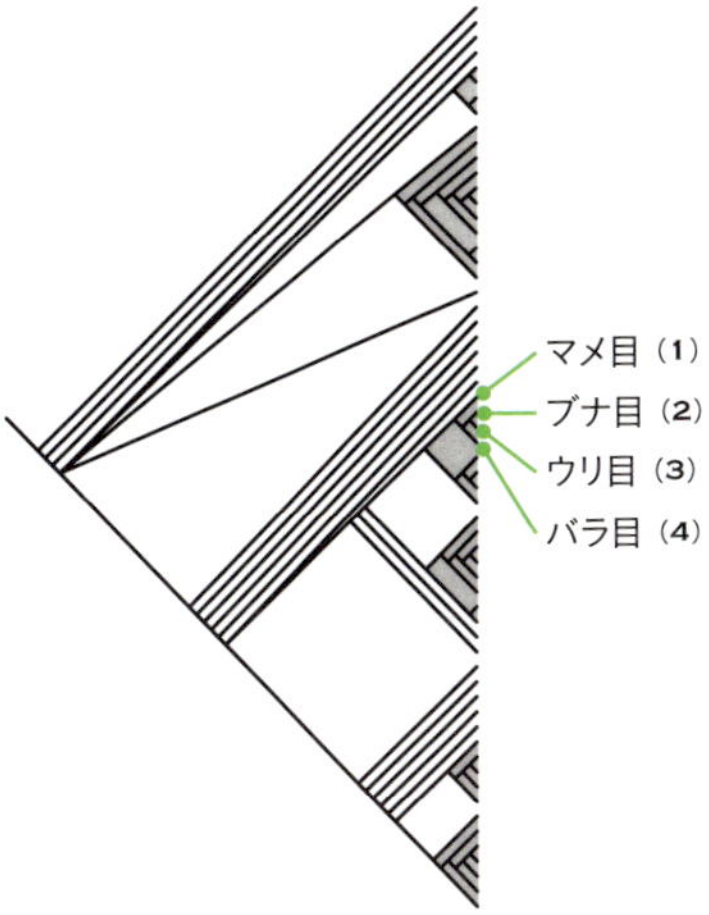

弁花をもち、もう片方のブナ目は原始的と考えられた単純な花を持っている。さらに、ウリ目はつる性の草本が主体で、送粉は虫媒であるのに対して、ブナ目はカシ、クルミ、カバノキと風媒を主体とする樹木ばかりだ。また、この二目の隣には、印象の異なるバラ目やマメ目が位置している。

花形態、つる性と樹木といったウリ目とブナ目に特徴的な形態の際はどのような進化プロセスや遺伝的変異に基づいて形作られているのだろうか。ゲノムレベルの解析がその謎を明らかにするに違いない。

おわりに

遺伝情報を伝えるDNAの塩基配列に基づくAPG分類体系は、現在のところ最も正確で信頼できる被子植物の系統関係を示すものです。例えば、本書でも紹介した旧ユキノシタ科のように、雑多な種を含み、釈然としなかった分類群の正体や（多くの目や科に分裂した）、キントラノオ目のように形態形質だけでは決して認識できなかったような分類群の存在など、多くの驚くべき実態を明らかにしました。しかしながら、APG分類体系は、これまで広く親しまれてきた新エングラー分類体系やクロンキスト分類体系から大きく異なっている事項も多く、わかりやすく解説した出版物が植物愛好家や研究者から求められていました。この本では、このような要望に応えようと、APG分類体系について、従来の分類体系からの変更点を主に科と目のレベルで、そして、APG分類体系を通してみた被子植物の適応・進化について、わかりやすく説明することを目的としました。

原稿は、一、二章の本文を伊藤が、三、四章とコラムは井鷺が作成し、相互に確認し合いました。最初の原稿は、APGで変更となった目や科の構成と位置づけについて伊藤が記述し、APGを通して植物を見ることの面白さを井鷺がアイデア出ししたものでした。このような性格の異なる二つの原稿をもとにして、全体的に構成を整え、わかりやすく読んで楽しいものにし、また、巻末に新エングラー体系とAPG体系の属・科レベルの対応表も作成していただいた、文一総合出版の菊地千尋さんに感謝いたします。

読者のみなさんが、APG分類体系に基づく図鑑とともに、この美しく仕上がった書籍を活用して、より深い自然観察を楽しまれれば、これにまさる喜びはありません。

二〇一八年四月

伊藤元己・井鷺裕司

引用文献

APG I～IV

The Angiosperm Phylogeny Group (1998) An Ordinal Classification for the Families of Flowering Plants. *Annals of the Missouri Botanical Garden* 85(4): 531-553.

The Angiosperm Phylogeny Group (2003) An update of the Angiosperm Phylogeny Group classification for the orders and families of flowering plants: APG II. *Botanical Journal of the Linnean Society* 141: 399–436.

The Angiosperm Phylogeny Group (2009) An update of the Angiosperm Phylogeny Group classification for the orders and families of flowering plants: APG III. *Botanical Journal of the Linnean Society* 161(2): 105–121.

The Angiosperm Phylogeny Group (2016) An update of the Angiosperm Phylogeny Group classification for the orders and families of flowering plants: APG IV. *Botanical Journal of the Linnean Society* 181(1): 1–20.

新エングラー分類体系（1章）

Melchior H. (1964) Engler's syllabus der Pflanzenfamilien. Gerbruder Borntraeger, Berlin.

クロンキストの分類体系（1章）

Cronquist A (1981) An integrated system of classification of flowering plants, Columbia University Press, NY.

ハマウツボ科内での寄生性の進化（2章）

McNeal JR, Bennett JR, Wolfe AD, Mathews S (2013) Phylogeny and origins of holoparasitism in Orobanchaceae. *American Journal of Botany* 100: 971–983.

ヤマノイモ目内の系統（3章）

Merckx VSFT, Smets EF (2014) *Thismia americana*, the 101st Anniversary of a Botanical Mystery. *International Journal of Plant Sciences* 175: 165–175.

Merckx, V., Bakker FT, Huysmans S, Smets E (2009) Bias and conflict in phylogenetic inference of myco-heterotrophic plants: a case study in Thismiaceae. *Cladistics* 25(1): 64–77.

シクリッドの系統（4章）

Kocher TD, Conroy JA, McKaye KR, Stauffer JR (1993) Similar morphologies of cichlid fish in lakes Tanganyika and Malawi are due to convergence. *Molecular Phylogenetics and Evolution* 2: 158-165.

窒素固定の根本的進化（4章）

Werner GDA, Cornwell WK, Sprent JI, Kattge J, Kiers ET (2014) A single evolutionary innovation drives the deep evolution of symbiotic N2-fixation in angiosperms. *Nature Communications* 5: 1–9. http://doi.org/10.1038/ncomms5087

被子植物における風媒の進化（4章）

Culley TM, Weller SG, Sakai AK (2002) The evolution of wind pollination in angiosperms. *Trends in Ecology & Evolution* 17: 361–369.

APG 分類体系と新エングラー体系の科の対照表

新エングラー体系の科およびその科に含まれる属が APG 体系のどの科に含まれるかを示した。

科の学名及び和名，属の学名は日本植物分類学会が公開しているグリーンリスト ver. 1.01 に準拠している。

(Ito, M., Nagamasu, H., Fujii, S., Katsuyama, T., Yonekura, Ebihara, A., Yahara, T. 2016. GreenList ver. 1.01, (http://www.rdplants.org/gl/))

属の和名として，既刊の図鑑などで使用されてきたものを付記した。

太枠の属は，新エングラー体系と APG 体系で所属する科が異なっている（科が移動した）ことを示す。

新エングラー分類体系の科の五十音順目次

【ハ行】

【マ行】

【ヤ行】

【ラ行】

新エングラー科和名	属名	APG科和名
Myricaceae ヤマモモ科	*Myrica* ヤマモモ属	**Myricaceae ヤマモモ科**
Juglandaceae クルミ科	*Juglans* クルミ属	**Juglandaceae クルミ科**
	Platycarya ノグルミ属	
	Pterocarya サワグルミ属	
Salicaceae ヤナギ科	*Populus* ドロノキ属	**Salicaceae ヤナギ科**
	Salix ヤナギ属	
Betulaceae カバノキ科	*Alnus* ハンノキ属	**Betulaceae カバノキ科**
	Betula カバノキ属	
	Carpinus シデ属	
	Corylus ハシバミ属	
	Ostrya アサダ属	
Fagaceae ブナ科	*Castanea* クリ属	**Fagaceae ブナ科**
	Castanopsis シイ属	
	Fagus ブナ属	
	Lithocarpus マテバシイ属	
	Quercus コナラ属	
Ulmaceae ニレ科	***Aphananthe* ムクノキ属**	**Cannabaceae アサ科**
	***Celtis* エノキ属**	
	***Trema* ウラジロエノキ属**	
	Ulmus ニレ属	**Ulmaceae ニレ科**
	Zelkova ケヤキ属	
Moraceae クワ科	*Broussonetia* カジノキ属	**Moraceae クワ科**

新エングラー科和名	属名	APG科和名
Moraceae クワ科	*Fatoua* クワクサ属	**Moraceae クワ科**
	Ficus イチジク属	
	***Humulus* カラハナソウ属**	**Cannabaceae アサ科**
	Maclura ハリグワ属	**Moraceae クワ科**
	Morus クワ属	
Urticaceae イラクサ科	*Boehmeria* ヤブマオ属	**Urticaceae イラクサ科**
	Debregeasia ヤナギイチゴ属	
	Elatostema ウワバミソウ属	
	Gonostegia ツルマオ属	
	Laportea ムカゴイラクサ属	
	Lecanthus チョクザキミズ属	
	Maoutia コウトウウラジロマオ属	
	Nanocnide カテンソウ属	
	Oreocnide ハドノキ属	
	Parietaria ヒカゲミズ属	
	Pellionia サンショウソウ属	
	Pilea ミズ属	
	Pipturus ヌノマオ属	
	Pouzolzia ヤンバルツルマオ属	
	Procris ウライソウ属	
	Urtica イラクサ属	
Proteaceae ヤマモガシ科	*Helicia* ヤマモガシ属	**Proteaceae ヤマモガシ科**

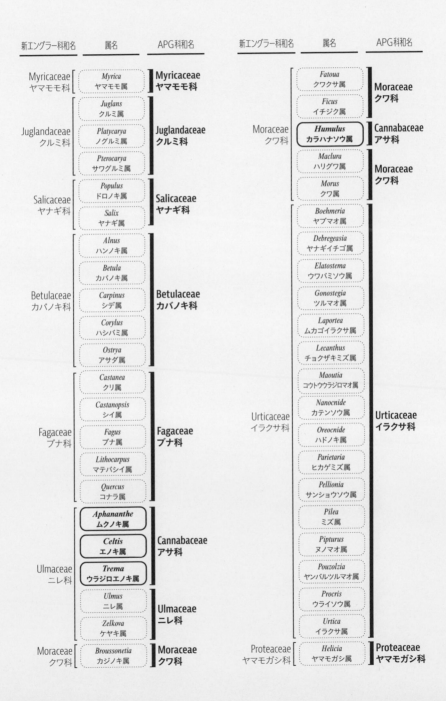

新エングラー科和名	属名	APG科和名
Olacaceae ボロボロノキ科	*Schoepfia* ボロボロノキ属	**Schoepfiaceae ボロボロノキ科**
Santalaceae ビャクダン科	*Buckleya* ツクバネ属	**Santalaceae ビャクダン科**
	Santalum ビャクダン属	
	Thesium カナビキソウ属	
Loranthaceae ヤドリギ科	***Korthalsella*** **ヒノキバヤドリギ属**	
	Loranthus **ホザキヤドリギ属**	**Loranthaceae オオバヤドリギ科**
	Taxillus **マツグミ属**	
	Viscum **ヤドリギ属**	**Santalaceae ビャクダン科**
Balanophoraceae ツチトリモチ科	*Balanophora* ツチトリモチ属	**Balanophoraceae ツチトリモチ科**
Polygonaceae タデ科	*Aconogonon* オンタデ属	**Polygonaceae タデ科**
	Bistorta イブキトラノオ属	
	Fallopia ソバカズラ属	
	Oxyria ジンヨウスイバ属	
	Persicaria イヌタデ属	
	Polygonum ミチヤナギ属	
	Rumex ギシギシ属	
Phytolaccaceae ヤマゴボウ科	*Phytolacca* ヤマゴボウ属	**Phytolaccaceae ヤマゴボウ科**
Nyctaginaceae オシロイバナ科	*Boerhavia* ナハカノコソウ属	**Nyctaginaceae オシロイバナ科**
	Pisonia トゲカズラ属	
Molluginaceae ザクロソウ科	*Mollugo* ザクロソウ属	**Molluginaceae ザクロソウ科**
Aizoaceae ハマミズナ科	***Tetragonia*** **ツルナ属**	**Aizoaceae ツルナ科**
Portulacaceae スベリヒユ科	***Montia*** **ヌマハコベ属**	**Montiaceae ヌマハコベ科**
Portulacaceae スベリヒユ科	*Portulaca* スベリヒユ属	**Portulacaceae スベリヒユ科**
Caryophyllaceae ナデシコ科	*Arenaria* ノミノツヅリ属	**Caryophyllaceae ナデシコ科**
	Cerastium ミミナグサ属	
	Dianthus ナデシコ属	
	Drymaria ヤンバルハコベ属	
	Honckenya ハマハコベ属	
	Minuartia タカネツメクサ属	
	Moehringia オオヤマフスマ属	
	Pseudostellaria ワチガイソウ属	
	Sagina ツメクサ属	
	Silene マンテマ属	
	Spergularia ウシオツメクサ属	
	Stellaria ハコベ属	
Chenopodiaceae アカザ科	***Atriplex*** **ハマアカザ属**	**Amaranthaceae ヒユ科**
	Bassia **ホウキギ属**	
	Chenopodium **アカザ属**	
	Salicornia **アッケシソウ属**	
	Salsola **オカヒジキ属**	
	Suaeda **マツナ属**	
Amaranthaceae ヒユ科	*Achyranthes* イノコヅチ属	
	Amaranthus ヒユ属	
	Blutaparon イソフサギ属	

新エングラー科和名	属名	APG科和名
Amaranthaceae ヒユ科	*Deeringia* インドヒモカズラ属	**Amaranthaceae ヒユ科**
Magnoliaceae モクレン科	*Magnolia* モクレン属	**Magnoliaceae モクレン科**
Annonaceae バンレイシ科	*Monoon* クロボウモドキ属	**Annonaceae バンレイシ科**
Schisandraceae マツブサ科	*Kadsura* サネカズラ属	**Schisandraceae マツブサ科**
	Schisandra マツブサ属	
Illiciaceae シキミ科	***Illicium* シキミ属**	
Lauraceae クスノキ科	*Actinodaphne* バリバリノキ属	**Lauraceae クスノキ科**
	Beilschmiedia アカハダクスノキ属	
	Cassytha スナヅル属	
	Cinnamomum クスノキ属	
	Cryptocarya シナクスモドキ属	
	Lindera クロモジ属	
	Litsea ハマビワ属	
	Machilus タブノキ属	
	Neolitsea シロダモ属	
Hernandiaceae ハスノハギリ科	*Hernandia* ハスノハギリ属	**Hernandiaceae ハスノハギリ科**
	Illigera テングノハナ属	
Trochodendraceae ヤマグルマ科	*Trochodendron* ヤマグルマ属	**Trochodendraceae ヤマグルマ科**
Eupteleaceae フサザクラ科	*Euptelea* フサザクラ属	**Eupteleaceae フサザクラ科**
Cercidiphyllaceae カツラ科	*Cercidiphyllum* カツラ属	**Cercidiphyllaceae カツラ科**
Ranunculaceae キンポウゲ科	*Aconitum* トリカブト属	**Ranunculaceae キンポウゲ科**
	Actaea ルイヨウショウマ属	

新エングラー科和名	属名	APG科和名
Ranunculaceae キンポウゲ科	*Adonis* フクジュソウ属	**Ranunculaceae キンポウゲ科**
	Anemone イチリンソウ属	
	Anemonopsis レンゲショウマ属	
	Aquilegia オダマキ属	
	Callianthemum キタダケソウ属	
	Caltha リュウキンカ属	
	Cimicifuga サラシナショウマ属	
	Clematis センニンソウ属	
	Coptis オウレン属	
	Dichocarpum シロカネソウ属	
	Enemion チチブシロカネソウ属	
	Eranthis セツブンソウ属	
	Glaucidium シラネアオイ属	
	Halerpestes ヒメキンポウゲ属	
	Hepatica スハマソウ属	
	Pulsatilla オキナグサ属	
	Ranunculus キンポウゲ属	
	Semiaquilegia ヒメウズ属	
	Thalictrum カラマツソウ属	
	Trautvetteria モミジカラマツ属	
	Trollius キンバイソウ属	
Berberidaceae メギ科	*Achlys* ナンブソウ属	**Berberidaceae メギ科**

新エングラー科和名	属名	APG科和名
Berberidaceae メギ科	*Berberis* メギ属	Berberidaceae メギ科
	Caulophyllum ルイヨウボタン属	
	Diphylleia サンカヨウ属	
	Epimedium イカリソウ属	
	Ranzania トガクシソウ属	
Lardizabalaceae アケビ科	*Akebia* アケビ属	Lardizabalaceae アケビ科
	Stauntonia ムベ属	
Menispermaceae ツヅラフジ科	*Cocculus* アオツヅラフジ属	Menispermaceae ツヅラフジ科
	Cyclea ミヤコジマツヅラフジ属	
	Menispermum コウモリカズラ属	
	Pericampylus ホウライツツジ属	
	Sinomenium ツヅラフジ属	
	Stephania ハスノハカズラ属	
Nymphaeaceae スイレン科	***Brasenia*** **ジュンサイ属**	Cabombaceae ジュンサイ科
	Euryale オニバス属	Nymphaeaceae スイレン科
	Nuphar コウホネ属	
	Nymphaea スイレン属	
Ceratophyllaceae マツモ科	*Ceratophyllum* マツモ属	Ceratophyllaceae マツモ科
Piperaceae コショウ科	*Peperomia* サダソウ属	Piperaceae コショウ科
	Piper コショウ属	
Saururaceae ドクダミ科	*Houttuynia* ドクダミ属	Saururaceae ドクダミ科
	Saururus ハンゲショウ属	

新エングラー科和名	属名	APG科和名
Chloranthaceae センリョウ科	*Chloranthus* チャラン属	Chloranthaceae センリョウ科
	Sarcandra センリョウ属	
Aristolochiaceae ウマノスズクサ科	*Aristolochia* ウマノスズクサ属	Aristolochiaceae ウマノスズクサ科
	Asarum フタバアオイ属	
	Heterotropa オキノシマカンアオイ属	
Rafflesiaceae ラフレシア科	***Mitrastemma*** **ヤッコソウ属**	Mitrastemonaceae ヤッコソウ科
Paeoniaceae ボタン科	*Paeonia* ボタン属	Paeoniaceae ボタン科
Actinidiaceae マタタビ科	*Actinidia* マタタビ属	Actinidiaceae マタタビ科
	Saurauia タカサゴシラタマ属	
Theaceae ツバキ科	***Adinandra*** **ナガエサカキ属**	Pentaphylacaceae サカキ科
	Camellia ツバキ属	Theaceae ツバキ科
	Cleyera **サカキ属**	Pentaphylacaceae サカキ科
	Eurya **ヒサカキ属**	
	Pyrenaria ヒサカキサザンカ属	Theaceae ツバキ科
	Schima ヒメツバキ属	
	Stewartia ナツツバキ属	
	Ternstroemia **モッコク属**	Pentaphylacaceae サカキ科
Hypericaceae オトギリソウ科	***Calophyllum*** **テリハボク属**	Calophyllaceae テリハボク科
	Hypericum オトギリソウ属	Hypericaceae オトギリソウ科
	Triadenum ミズオトギリ属	
Droseraceae モウセンゴケ科	*Aldrovanda* モウセンゴケ属	Droseraceae モウセンゴケ科
	Drosera ムジナモ属	

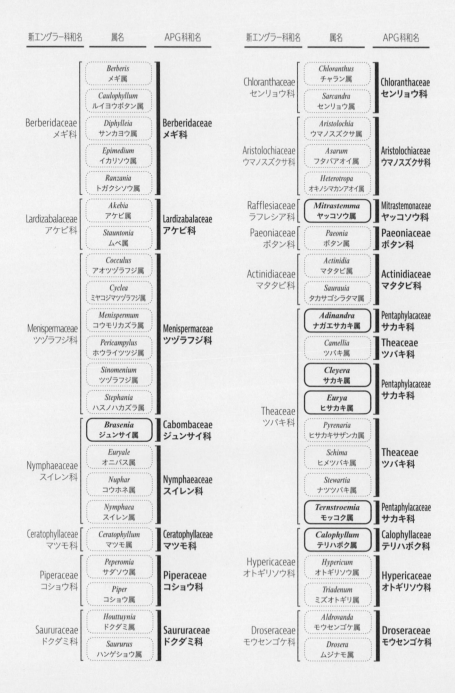

新エングラー科和名	属名	APG科和名
Papaveraceae ケシ科	*Chelidonium* クサノオウ属	**Papaveraceae ケシ科**
	Corydalis キケマン属	
	Dicentra コマクサ属	
	Hylomecon ヤマブキソウ属	
	Macleaya タケニグサ属	
	Papaver ケシ属	
	Pteridophyllum オサバグサ属	
Capparaceae フウチョウソウ科	***Crateva*** **ギョボク属**	**Capparaceae フウチョウボク科**
Cruciferae アブラナ科	*Arabidopsis* シロイヌナズナ属	**Brassicaceae /Cruciferae アブラナ科**
	Arabis ヤマハタザオ属	
	Barbarea ヤマガラシ属	
	Berteroella ハナナズナ属	
	Capsella ナズナ属	
	Cardamine タネツケバナ属	
	Catolobus エゾハタザオ属	
	Cochlearia トモシリソウ属	
	Dontostemon ハナハタザオ属	
	Draba イヌナズナ属	
	Erysimum エゾスズシロ属	
	Eutrema ワサビ属	
	Isatis タイセイ属	
	Lepidium マメグンバイナズナ属	
Cruciferae アブラナ科	*Macropodium* ハクセンナズナ属	**Brassicaceae /Cruciferae アブラナ科**
	Noccaea タカネグンバイ属	
	Raphanus ダイコン属	
	Rorippa イヌガラシ属	
	Sisymbrium キバナハタザオ属	
	Subularia ハリナズナ属	
	Turritis ハタザオ属	
Hamamelidaceae マンサク科	*Corylopsis* トサミズキ属	**Hamamelidaceae マンサク科**
	Disanthus マルバノキ属	
	Distylium イスノキ属	
	Hamamelis マンサク属	
	Loropetalum トキワマンサク属	
Crassulaceae ベンケイソウ科	*Hylotelephium* ムラサキベンケイソウ属	**Crassulaceae ベンケイソウ科**
	Kalanchoe リュウキュウベンケイ属	
	Meterostachys チャボツメレンゲ属	
	Orostachys イワレンゲ属	
	Phedimus キリンソウ属	
	Rhodiola イワベンケイ属	
	Sedum マンネングサ属	
	Tillaea アズマツメクサ属	
Saxifragaceae ユキノシタ科	*Astilbe* チダケサシ属	**Saxifragaceae ユキノシタ科**
	Boykinia アラシグサ属	

新エングラー科和名	属名	APG科和名
Saxifragaceae ユキノシタ科	*Chrysosplenium* ネコノメソウ属	Saxifragaceae ユキノシタ科
	Cardiandra **クサアジサイ属**	Hydrangeaceae アジサイ科
	Deinanthe **ギンバイソウ属**	
	Deutzia **ウツギ属**	
	Hydrangea **アジサイ属**	
	Kirengeshoma **キレンゲショウマ属**	
	Mitella チャルメルソウ属	Saxifragaceae ユキノシタ科
	Parnassia **ウメバチソウ属**	Celastraceae ニシキギ科
	Peltoboykinia ヤワタソウ属	Saxifragaceae ユキノシタ科
	Penthorum **タコノアシ属**	Penthoraceae タコノアシ科
	Philadelphus **バイカウツギ属**	Hydrangeaceae アジサイ科
	Pileostegia **シマユキカズラ属**	
	Platycrater **バイカアマチャ属**	
	Rodgersia ヤグルマソウ属	Saxifragaceae ユキノシタ科
	Saxifraga ユキノシタ属	
	Schizophragma **イワガラミ属**	Hydrangeaceae アジサイ科
	Tanakaea イワユキノシタ属	Saxifragaceae ユキノシタ科
	Tiarella ズダヤクシュ属	
	Itea **ズイナ属**	Iteaceae ズイナ科
	Ribes **スグリ属**	Grossulariaceae スグリ科
Pittosporaceae トベラ科	*Pittosporum* トベラ属	Pittosporaceae トベラ科
Rosaceae バラ科	*Agrimonia* キンミズヒキ属	Rosaceae バラ科

新エングラー科和名	属名	APG科和名
Rosaceae バラ科	*Alchemilla* ハゴロモグサ属	Rosaceae バラ科
	Amelanchier ザイフリボク属	
	Aria アズキナシ属	
	Aruncus ヤマブキショウマ属	
	Chaenomeles ボケ属	
	Comarum クロバナロウゲ属	
	Crataegus サンザシ属	
	Dryas チョウノスケソウ属	
	Filipendula シモツケソウ属	
	Fragaria オランダイチゴ属	
	Geum ダイコンソウ属	
	Kerria ヤマブキ属	
	Malus リンゴ属	
	Neillia スグリウツギ属	
	Osteomeles テンノウメ属	
	Photinia カナメモチ属	
	Potentilla キジムシロ属	
	Pourthiaea カマツカ属	
	Prunus サクラ属	
	Pyrus ナシ属	
	Rhaphiolepis シャリンバイ属	
	Rhodotypos シロヤマブキ属	

新エングラー科和名	属名	APG科和名
Rosaceae バラ科	*Rosa* バラ属	**Rosaceae バラ科**
	Rubus キイチゴ属	
	Sanguisorba ワレモコウ属	
	Sibbaldia タテヤマキンバイ属	
	Sieversia チングルマ属	
	Sorbaria ホザキナナカマド属	
	Sorbus ナナカマド属	
	Spiraea シモツケ属	
Leguminosae マメ科	*Aeschynomene* クサネム属	**Fabaceae/Leguminosae マメ科**
	Albizia ネムノキ属	
	Alysicarpus ササハギ属	
	Amphicarpaea ヤブマメ属	
	Apios ホドイモ属	
	Archidendron アカハダノキ属	
	Astragalus ゲンゲ属	
	Bauhinia ハカマカズラ属	
	Caesalpinia ジャケツイバラ属	
	Cajanus キマメ属	
	Canavalia ナタマメ属	
	Chamaecrista カワラケツメイ属	
	Christia ホオズキハギ属	
	Cladrastis フジキ属	
Leguminosae マメ科	*Crotalaria* タヌキマメ属	**Fabaceae/Leguminosae マメ科**
	Dalbergia ツルサイカチ属	
	Dendrolobium ナハキハギ属	
	Derris シイノキカズラ属	
	Desmodium シバハギ属	
	Dumasia ノササゲ属	
	Dunbaria ノアズキ属	
	Entada モダマ属	
	Erythrina デイゴ属	
	Euchresta ミヤマトベラ属	
	Flemingia エノキマメ属	
	Galactia ハギカズラ属	
	Gleditsia サイカチ属	
	Glycine ダイズ属	
	Hedysarum イワオウギ属	
	Hylodesmum ヌスビトハギ属	
	Indigofera コマツナギ属	
	Intsia タシロマメ属	
	Kummerowia ヤハズソウ属	
	Lathyrus レンリソウ属	
	Lespedeza ハギ属	
	Lotus ミヤコグサ属	

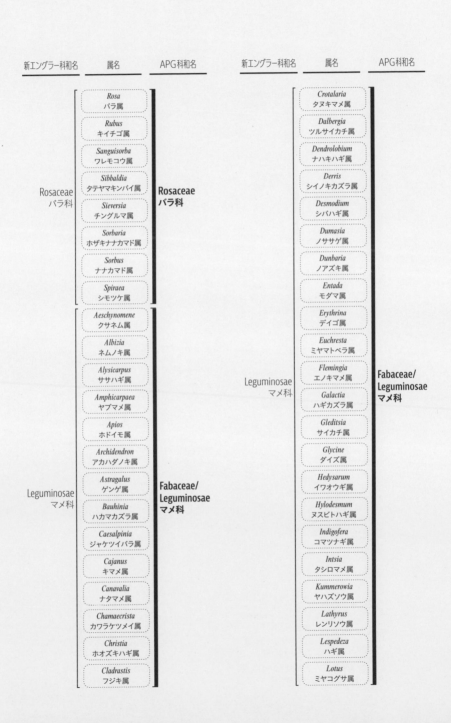

新エングラー科和名	属名	APG科和名
Leguminosae マメ科	*Maackia* イヌエンジュ属	Fabaceae/Leguminosae マメ科
	Mucuna トビカズラ属	
	Ohwia ミソナオシ属	
	Ormocarpum ハマセンナ属	
	Oxytropis オヤマノエンドウ属	
	Phyllodium ウチワツナギ属	
	Pongamia クロヨナ属	
	Pterocarpus シタン属	
	Pueraria クズ属	
	Pycnospora キンチャクマメ属	
	Rhynchosia タンキリマメ属	
	Smithia シバネム属	
	Sophora クララ属	
	Tadehagi タデハギ属	
	Thermopsis センダイハギ属	
	Trifolium シャジクソウ属	
	Uraria フジボグサ属	
	Vicia ソラマメ属	
	Vigna ササゲ属	
	Wisteria フジ属	
	Zornia スナジマメ属	
Podostemaceae カワゴケソウ科	*Cladopus* カワゴケソウ属	Podostemaceae カワゴケソウ科

新エングラー科和名	属名	APG科和名
Podostemaceae カワゴケソウ科	*Hydrobryum* カワゴロモ属	Podostemaceae カワゴケソウ科
Oxalidaceae カタバミ科	*Oxalis* カタバミ属	Oxalidaceae カタバミ科
Geraniaceae フウロソウ科	*Geranium* フウロソウ属	Geraniaceae フウロソウ科
Zygophyllaceae ハマビシ科	*Tribulus* ハマビシ属	Zygophyllaceae ハマビシ科
Linaceae アマ科	*Linum* アマ属	Linaceae アマ科
Euphorbiaceae トウダイグサ科	*Acalypha* エノキグサ属	Euphorbiaceae トウダイグサ科
	Alchornea アミガサギリ属	
	***Antidesma* ヤマヒハツ属**	Phyllanthaceae ミカンソウ科
	***Bischofia* アカギ属**	
	***Bridelia* マルヤマカンコノキ属**	
	Chamaesyce ニシキソウ属	Euphorbiaceae トウダイグサ科
	Claoxylon セキモンノキ属	
	Croton グミモドキ属	
	Discocleidion エノキフジ属	
	***Drypetes* ハツバキ属**	Putranjivaceae ツゲモドキ科
	Euphorbia トウダイグサ属	Euphorbiaceae トウダイグサ科
	Excoecaria シマシラキ属	
	***Flueggea* ヒトツバハギ属**	Phyllanthaceae ミカンソウ科
	Macaranga オオバギ属	Euphorbiaceae トウダイグサ科
	Mallotus アカメガシワ属	
	***Margaritaria* アカハダコバンノキ属**	Phyllanthaceae ミカンソウ科
	Melanolepis ヤンバルアカメガシワ属	Euphorbiaceae トウダイグサ科

新エングラー科和名	属名	APG科和名
Euphorbiaceae トウダイグサ科	*Mercurialis* ヤマアイ属	**Euphorbiaceae トウダイグサ科**
	Neoshirakia シラキ属	
	Phyllanthus **ミカンソウ属**	**Phyllanthaceae ミカンソウ科**
	Putranjiva **ツゲモドキ属**	**Putranjivaceae ツゲモドキ科**
Daphniphyllaceae ユズリハ科	*Daphniphyllum* ユズリハ属	**Daphniphyllaceae ユズリハ科**
Rutaceae ミカン科	*Boenninghausenia* マツカゼソウ属	**Rutaceae ミカン科**
	Citrus ミカン属	
	Glycosmis ハナシンボウギ属	
	Melicope アワダン属	
	Murraya ゲッキツ属	
	Orixa コクサギ属	
	Phellodendron キハダ属	
	Skimmia ミヤマシキミ属	
	Tetradium ゴシュユ属	
	Toddalia サルカケミカン属	
	Zanthoxylum サンショウ属	
Simaroubaceae ニガキ科	*Picrasma* ニガキ属	**Simaroubaceae ニガキ科**
Meliaceae センダン科	*Melia* センダン属	**Meliaceae センダン科**
Malpighiaceae キントラノオ科	*Hiptage* ホザキサルノオ属	**Malpighiaceae キントラノオ科**
	Ryssopterys ササキカズラ属	
	Tristellateia コウシュンカズラ属	
Polygalaceae ヒメハギ科	*Polygala* ヒメハギ属	**Polygalaceae ヒメハギ科**

新エングラー科和名	属名	APG科和名
Polygalaceae ヒメハギ科	*Salomonia* ヒナノカンザシ属	**Polygalaceae ヒメハギ科**
Coriariaceae ドクウツギ科	*Coriaria* ドクウツギ属	**Coriariaceae ドクウツギ科**
Anacardiaceae ウルシ科	*Choerospondias* チャンチンモドキ属	**Anacardiaceae ウルシ科**
	Rhus ヌルデ属	
	Toxicodendron ウルシ属	
Aceraceae カエデ科	***Acer*** **カエデ属**	**Sapindaceae ムクロジ科**
Sapindaceae ムクロジ科	*Allophylus* アカギモドキ属	
	Dodonaea ハウチワノキ属	
	Sapindus ムクロジ属	
Hippocastanaceae トチノキ科	***Aesculus*** **トチノキ属**	
Sabiaceae アワブキ科	*Meliosma* アワブキ属	**Sabiaceae アワブキ科**
	Sabia アオカズラ属	
Balsaminaceae ツリフネソウ科	*Impatiens* ツリフネソウ属	**Balsaminaceae ツリフネソウ科**
Aquifoliaceae モチノキ科	*Ilex* モチノキ属	**Aquifoliaceae モチノキ科**
Celastraceae ニシキギ科	*Celastrus* ツルウメモドキ属	**Celastraceae ニシキギ科**
	Euonymus ニシキギ属	
	Gymnosporia ハリツルマサキ属	
	Microtropis モクレイシ属	
	Tripterygium クロヅル属	
Staphyleaceae ミツバウツギ科	*Euscaphis* ゴンズイ属	**Staphyleaceae ミツバウツギ科**
	Staphylea ミツバウツギ属	
	Turpinia ショウベンノキ属	

新エングラー科和名	属名	APG科和名
Buxaceae ツゲ科	*Buxus* ツゲ属	**Buxaceae ツゲ科**
	Pachysandra フッキソウ属	
Icacinaceae クロタキカズラ科	*Hosiea* クロタキカズラ属	**Icacinaceae クロタキカズラ科**
	Nothapodytes クサミズキ属	
Rhamnaceae クロウメモドキ科	*Berchemia* クマヤナギ属	**Rhamnaceae クロウメモドキ科**
	Berchemiella ヨコグラノキ属	
	Colubrina ヤエヤマハマナツメ属	
	Frangula イソノキ属	
	Hovenia ケンポナシ属	
	Paliurus ハマナツメ属	
	Rhamnella ネコノチチ属	
	Rhamnus クロウメモドキ属	
	Sageretia クロイゲ属	
Vitaceae ブドウ科	*Ampelopsis* ノブドウ属	**Vitaceae ブドウ科**
	Cayratia ヤブカラシ属	
	Parthenocissus ツタ属	
	Tetrastigma ミツバビンボウカズラ属	
	Vitis ブドウ属	
Elaeocarpaceae ホルトノキ科	*Elaeocarpus* ホルトノキ属	**Elaeocarpaceae ホルトノキ科**
Tiliaceae シナノキ科	***Corchoropsis*** **カラスノゴマ属**	**Malvaceae アオイ科**
	Grewia **ウオトギリ属**	
	Tilia **シナノキ属**	
Tiliaceae シナノキ科	***Triumfetta*** **ラセンソウ属**	**Malvaceae アオイ科**
Malvaceae アオイ科	*Abelmoschus* トロロアオイ属	
	Abutilon イチビ属	
	Hibiscus フヨウ属	
	Sida キンゴジカ属	
	Thespesia サキシマハマボウ属	
	Urena ボンテンカ属	
Sterculiaceae アオギリ科	***Firmiana*** **アオギリ属**	
	Heritiera **サキシマスオウノキ属**	
	Kleinhovia **フウセンアカメガシワ属**	
	Melochia **ノジアオイ属**	
Thymelaeaceae ジンチョウゲ科	*Daphne* ジンチョウゲ属	**Thymelaeaceae ジンチョウゲ科**
	Daphnimorpha シャクナンガンピ属	
	Diplomorpha ガンピ属	
	Wikstroemia アオガンピ属	
Elaeagnaceae グミ科	*Elaeagnus* グミ属	**Elaeagnaceae グミ科**
Flacourtiaceae イイギリ科	***Idesia*** **イイギリ属**	**Salicaceae ヤナギ科**
	Scolopia **トゲイヌツゲ属**	
	Xylosma **クスドイゲ属**	
Violaceae スミレ科	*Viola* スミレ属	**Violaceae スミレ科**
Stachyuraceae キブシ科	*Stachyurus* キブシ属	**Stachyuraceae キブシ科**
Elatinaceae ミゾハコベ科	*Bergia* シマバラソウ属	**Elatinaceae ミゾハコベ科**

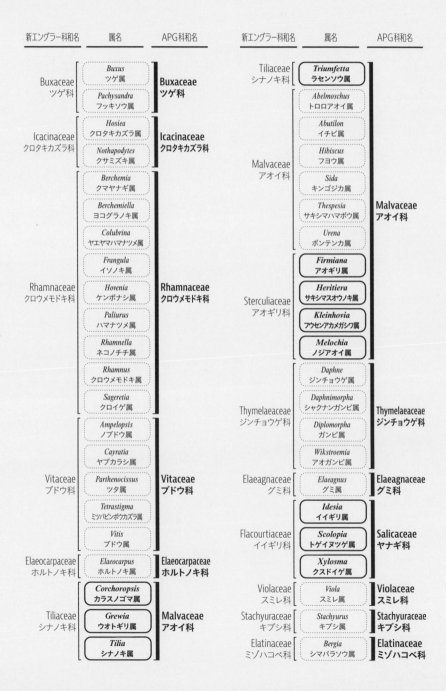

新エングラー科和名	属名	APG科和名
Elatinaceae ミゾハコベ科	*Elatine* ミゾハコベ属	**Elatinaceae ミゾハコベ科**
Begoniaceae シュウカイドウ科	*Begonia* シュウカイドウ属	**Begoniaceae シュウカイドウ科**
Cucurbitaceae ウリ科	*Actinostemma* ゴキヅル属	**Cucurbitaceae ウリ科**
	Diplocyclos オキナワスズメウリ属	
	Gynostemma アマチャヅル属	
	Mukia サンゴジュスズメウリ属	
	Schizopepon ミヤマニガウリ属	
	Trichosanthes カラスウリ属	
	Zehneria スズメウリ属	
Lythraceae ミソハギ科	*Ammannia* ヒメミソハギ属	**Lythraceae ミソハギ科**
	Lagerstroemia サルスベリ属	
	Lythrum ミソハギ属	
	Pemphis ミズガンピ属	
	Rotala キカシグサ属	
Trapaceae ヒシ科	***Trapa* ヒシ属**	
Myrtaceae フトモモ科	*Metrosideros* ムニンフトモモ属	**Myrtaceae フトモモ科**
	Syzygium フトモモ属	
Sonneratiaceae ハマザクロ科	***Sonneratia* ハマザクロ属**	**Lythraceae ミソハギ科**
Lecythidaceae サガリバナ科	*Barringtonia* サガリバナ属	**Lecythidaceae サガリバナ科**
Melastomataceae ノボタン科	*Blastus* ミヤマハシカンボク属	**Melastomataceae ノボタン科**
	Bredia ハシカンボク属	
	Melastoma ノボタン属	

新エングラー科和名	属名	APG科和名
Melastomataceae ノボタン科	*Osbeckia* ヒメノボタン属	**Melastomataceae ノボタン科**
Rhizophoraceae ヒルギ科	*Bruguiera* オヒルギ属	**Rhizophoraceae ヒルギ科**
	Kandelia メヒルギ属	
	Rhizophora オオバヒルギ属	
Combretaceae シクンシ科	*Lumnitzera* ヒルギモドキ属	**Combretaceae シクンシ科**
	Terminalia モモタマナ属	
Onagraceae アカバナ科	*Chamerion* ヤナギラン属	**Onagraceae アカバナ科**
	Circaea ミズタマソウ属	
	Epilobium アカバナ属	
	Ludwigia チョウジタデ属	
Haloragaceae アリノトウグサ科	*Haloragis* アリノトウグサ属	**Haloragaceae アリノトウグサ科**
	Myriophyllum フサモ属	
Theligonaceae ヤマトグサ科	***Theligonum* ヤマトグサ属**	**Rubiaceae アカネ科**
Hippuridaceae スギナモ科	***Hippuris* スギナモ属**	**Plantaginaceae オオバコ科**
Alangiaceae ウリノキ科	***Alangium* ウリノキ属**	**Cornaceae ミズキ科**
Cornaceae ミズキ科	***Aucuba* アオキ属**	**Garryaceae アオキ科**
	Cornus ミズキ属	**Cornaceae ミズキ科**
	***Helwingia* ハナイカダ属**	**Helwingiaceae ハナイカダ科**
Araliaceae ウコギ科	*Aralia* タラノキ属	**Araliaceae ウコギ科**
	Chengiopanax コシアブラ属	
	Dendropanax カクレミノ属	
	Eleutherococcus ウコギ属	

新エングラー科和名	属名	APG科和名
Araliaceae ウコギ科	*Fatsia* ヤツデ属	**Araliaceae ウコギ科**
	Gamblea タカノツメ属	
	Hedera キヅタ属	
	Kalopanax ハリギリ属	
	Oplopanax ハリブキ属	
	Panax トチバニンジン属	
	Schefflera フカノキ属	
Umbelliferae セリ科	*Aegopodium* エゾボウフウ属	**Apiaceae/Umbelliferae セリ科**
	Angelica シシウド属	
	Anthriscus シャク属	
	Apodicarpum エキサイゼリ属	
	Bupleurum ミシマサイコ属	
	***Centella* ツボクサ属**	**Araliaceae ウコギ科**
	Chamaele セントウソウ属	**Apiaceae/Umbelliferae セリ科**
	Cicuta ドクゼリ属	
	Cnidium ハマゼリ属	
	Coelopleurum エゾノシシウド属	
	Conioselinum ミヤマセンキュウ属	
	Cryptotaenia ミツバ属	
	Dystaenia セリモドキ属	
	Glehnia ハマボウフウ属	
	Heracleum ハナウド属	
	***Hydrocotyle* チドメグサ属**	**Araliaceae ウコギ科**
	Libanotis イブキボウフウ属	**Apiaceae/Umbelliferae セリ科**
	Ligusticum マルバトウキ属	
	Oenanthe セリ属	
	Osmorhiza ヤブニンジン属	
	Ostericum ヤマゼリ属	
	Peucedanum カワラボウフウ属	
	Pimpinella ミツバグサ属	
	Pleurospermum オオカサモチ属	
	Pternopetalum イワセントウソウ属	
	Pterygopleurum シムラニンジン属	
	Sanicula ウマノミツバ属	
	Sium ヌマゼリ属	
	Spuriopimpinella カノツメソウ属	
	Tilingia シラネニンジン属	
	Torilis ヤブジラミ属	
Diapensiaceae イワウメ科	*Diapensia* イワウメ属	**Diapensiaceae イワウメ科**
	Schizocodon イワカガミ属	
	Shortia イワウチワ属	
Sapotaceae アカテツ科	*Planchonella* ムニンノキ属	**Sapotaceae アカテツ科**
Ebenaceae カキノキ科	*Diospyros* カキノキ属	**Ebenaceae カキノキ科**
Styracaceae エゴノキ科	*Pterostyrax* アサガラ属	**Styracaceae エゴノキ科**

新エングラー科和名	属名、	APG科和名
Styracaceae エゴノキ科	*Styrax* エゴノキ属	**Styracaceae エゴノキ科**
Symplocaceae ハイノキ科	*Symplocos* ハイノキ属	**Symplocaceae ハイノキ科**
Oleaceae モクセイ科	*Chionanthus* ヒトツバタゴ属	**Oleaceae モクセイ科**
	Forsythia レンギョウ属	
	Fraxinus トネリコ属	
	Jasminum ソケイ属	
	Ligustrum イボタノキ属	
	Osmanthus モクセイ属	
	Syringa ハシドイ属	
Pyrolaceae イチヤクソウ科	***Chimaphila*** **ウメガサソウ属**	**Ericaceae ツツジ科**
	Moneses **イチゲイチヤクソウ属**	
	Monotropa **シャクジョウソウ属**	
	Monotropastrum **ギンリョウソウ属**	
	Orthilia **コイチヤクソウ属**	
	Pyrola **イチヤクソウ属**	
Ericaceae ツツジ科	*Andromeda* ヒメシャクナゲ属	
	Arcterica コメバツガザクラ属	
	Arctous ウラシマツツジ属	
	Bryanthus チシマツガザクラ属	
	Cassiope イワヒゲ属	
	Chamaedaphne ヤチツツジ属	
	Elliottia ホツツジ属	

新エングラー科和名	属名	APG科和名
Ericaceae ツツジ科	*Enkianthus* ドウダンツツジ属	**Ericaceae ツツジ科**
	Epigaea イワナシ属	
	Eubotryoides ハナヒリノキ属	
	Gaultheria シラタマノキ属	
	Harrimanella ジムカデ属	
	Ledum イソツツジ属	
	Leucothoe イワナンテン属	
	Loiseleuria ミネズオウ属	
	Lyonia ネジキ属	
	Phyllodoce ツガザクラ属	
	Pieris アセビ属	
	Rhododendron ツツジ属	
	Therorhodion エゾツツジ属	
	Vaccinium スノキ属	
Empetraceae ガンコウラン科	***Empetrum*** **ガンコウラン属**	
Clethraceae リョウブ科	*Clethra* リョウブ属	**Clethraceae リョウブ科**
Myrsinaceae ヤブコウジ科	***Ardisia*** **ヤブコウジ属**	**Primulaceae サクラソウ科**
	Maesa **イズセンリョウ属**	
	Myrsine **タイミンタチバナ属**	
Primulaceae サクラソウ科	*Androsace* トチナイソウ属	
	Cortusa サクラソウモドキ属	
	Lysimachia オカトラノオ属	

新エングラー科和名	属名	APG科和名
Primulaceae サクラソウ科	*Primula* サクラソウ属	**Primulaceae サクラソウ科**
	Samolus ハイハマボッス属	
	Stimpsonia ホザキザクラ属	
Plumbaginaceae イソマツ科	*Limonium* イソマツ属	**Plumbaginaceae イソマツ科**
Loganiaceae マチン科	*Gardneria* ホウライカズラ属	**Loganiaceae マチン科**
	Geniostoma オガサワラモクレイシ属	
	Mitrasacme アイナエ属	
Gentianaceae リンドウ科	*Comastoma* サンプクリンドウ属	**Gentianaceae リンドウ科**
	Gentiana リンドウ属	
	Gentianella チシマリンドウ属	
	Gentianopsis シロウマリンドウ属	
	Halenia ハナイカリ属	
	Lomatogonium ヒメセンブリ属	
	Pterygocalyx ホソバノツルリンドウ属	
	Schenkia シマセンブリ属	
	Swertia センブリ属	
	Tripterospermum ツルリンドウ属	
Menyanthaceae ミツガシワ科	*Menyanthes* ミツガシワ属	**Menyanthaceae ミツガシワ科**
	Nephrophyllidium イワイチョウ属	
	Nymphoides アサザ属	
Apocynaceae キョウチクトウ科	*Amsonia* チョウジソウ属	**Apocynaceae キョウチクトウ科**
	Anodendron サカキカズラ属	

新エングラー科和名	属名	APG科和名
Apocynaceae キョウチクトウ科	*Apocynum* バシクルモン属	**Apocynaceae キョウチクトウ科**
	Cerbera ミフクラギ属	
	Ochrosia シマソケイ属	
	Parsonsia ホウライカガミ属	
	Trachelospermum テイカカズラ属	
	Urceola ゴムカズラ属	
Asclepiadaceae ガガイモ科	***Asclepias* トウワタ属**	
	***Cynanchum* イケマ属**	
	***Dischidia* マメヅタカズラ属**	
	***Gymnema* ホウライアオカズラ属**	
	***Hoya* サクララン属**	
	***Jasminanthes* シタキソウ属**	
	***Marsdenia* キジョラン属**	
	***Metaplexis* ガガイモ属**	
	***Tylophora* オオカモメヅル属**	
	***Vincetoxicum* カモメヅル属**	
Rubiaceae アカネ科	*Adina* タニワタリノキ属	**Rubiaceae アカネ科**
	Aidia ミサオノキ属	
	Argostemma イリオモテソウ属	
	Benkara ヒジハリノキ属	
	Catunaregam ハリザクロ属	
	Coptosapelta ヒョウタンカズラ属	

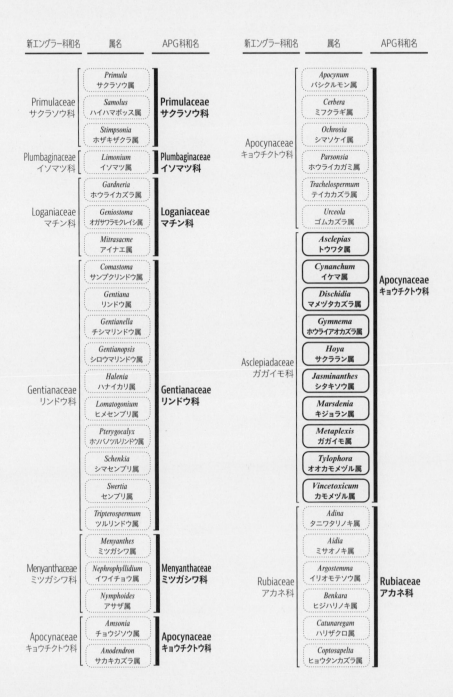

新エングラー科和名	属名	APG科和名
Rubiaceae アカネ科	*Damnacanthus* アリドオシ属	**Rubiaceae** **アカネ科**
	Diplospora シロミミズ属	
	Galium ヤエムグラ属	
	Gardenia クチナシ属	
	Guettarda ハテルマギリ属	
	Hedyotis ソナレムグラ属	
	Knoxia シソノミグサ属	
	Lasianthus ルリミノキ属	
	Leptodermis シチョウゲ属	
	Mitchella ツルアリドオシ属	
	Morinda ヤエヤマアオキ属	
	Mussaenda コンロンカ属	
	Neanotis ハシカグサ属	
	Oldenlandia フタバムグラ属	
	Ophiorrhiza サツマイナモリ属	
	Paederia ヤイトバナ属	
	Pseudopyxis イナモリソウ属	
	Psychotria ボチョウジ属	
	Rubia アカネ属	
	Serissa ハクチョウゲ属	
	Sinoadina ヘツカニガキ属	
	Spermacoce ハリフタバ属	

新エングラー科和名	属名	APG科和名
Rubiaceae アカネ科	*Tarenna* ギョクシンカ属	**Rubiaceae** **アカネ科**
	Uncaria カギカズラ属	
	Wendlandia アカミズキ属	
Polemoniaceae ハナシノブ科	*Polemonium* ハナシノブ属	**Polemoniaceae** **ハナシノブ科**
Convolvulaceae ヒルガオ科	*Aniseia* ナガバアサガオ属	**Convolvulaceae** **ヒルガオ科**
	Calystegia ヒルガオ属	
	Cuscuta ネナシカズラ属	
	Dichondra アオイゴケ属	
	Erycibe ホルトカズラ属	
	Evolvulus アサガオガラクサ属	
	Ipomoea サツマイモ属	
	Lepistemon オオバケアサガオ属	
	Operculina フウセンアサガオ属	
	Stictocardia オオバハマアサガオ属	
Boraginaceae ムラサキ科	*Ancistrocarya* サワルリソウ属	**Boraginaceae** **ムラサキ科**
	Bothriospermum ハナイバナ属	
	Cordia カキバチシャノキ属	
	Cynoglossum オオルリソウ属	
	Ehretia チシャノキ属	
	Eritrichium ミヤマムラサキ属	
	Hackelia イワムラサキ属	
	Heliotropium キダチルリソウ属	

新エングラー科和名	属名	APG科和名
Boraginaceae ムラサキ科	*Lithospermum* ムラサキ属	Boraginaceae ムラサキ科
	Mertensia ハマベンケイソウ属	
	Myosotis ワスレナグサ属	
	Omphalodes ルリソウ属	
	Trigonotis キュウリグサ属	
Verbenaceae クマツヅラ科	***Avicennia* ヒルギダマシ属**	Acanthaceae キツネノマゴ科
	***Callicarpa* ムラサキシキブ属**	Lamiaceae/Labiatae シソ科
	***Caryopteris* ダンギク属**	
	***Clerodendrum* クサギ属**	
	***Phryma* ハエドクソウ属**	Phrymaceae ハエドクソウ科
	Phyla イワダレソウ属	Verbenaceae クマツヅラ科
	***Premna* ハマクサギ属**	Lamiaceae/Labiatae シソ科
	***Tripora* カリガネソウ属**	
	Verbena クマツヅラ属	Verbenaceae クマツヅラ科
	***Vitex* ハマゴウ属**	Lamiaceae/Labiatae シソ科
	***Volkameria* イボタクサギ属**	
Callitrichaceae アワゴケ科	***Callitriche* アワゴケ属**	Plantaginaceae オオバコ科
Labiatae シソ科	*Agastache* カワミドリ属	Lamiaceae/Labiatae シソ科
	Ajuga キランソウ属	
	Ajugoides ヤマジオウ属	
	Amethystea ルリハッカ属	
	Anisomeles ブゾロイバナ属	

新エングラー科和名	属名	APG科和名
Labiatae シソ科	*Chelonopsis* ジャコウソウ属	Lamiaceae/Labiatae シソ科
	Clinopodium トウバナ属	
	Coleus ケサヤバナ属	
	Collinsonia シモバシラ属	
	Comanthosphace テンニンソウ属	
	Dracocephalum ムシャリンドウ属	
	Elsholtzia ナギナタコウジュ属	
	Galeopsis チシマオドリコソウ属	
	Glechoma カキドオシ属	
	Isodon ヤマハッカ属	
	Lamium オドリコソウ属	
	Leonurus メハジキ属	
	Leucas ヤンバルツルハッカ属	
	Loxocalyx マネキグサ属	
	Lycopus シロネ属	
	Matsumurella ヒメキセワタ属	
	Meehania ラショウモンカズラ属	
	Mentha ハッカ属	
	Mosla イヌコウジュ属	
	Nepeta イヌハッカ属	
	Perilla シソ属	
	Perillula スズコウジュ属	

新エングラー科和名	属名	APG科和名
Labiatae シソ科	*Pogostemon* ミズトラノオ属	Lamiaceae/Labiatae シソ科
	Prunella ウツボグサ属	
	Salvia アキギリ属	
	Scutellaria タツナミソウ属	
	Stachys イヌゴマ属	
	Suzukia ヤエヤマスズコウジュ属	
	Teucrium ニガクサ属	
	Thymus イブキジャコウソウ属	
Solanaceae ナス科	*Lycianthes* メジロホオズキ属	Solanaceae ナス科
	Lycium クコ属	
	Physaliastrum イガホオズキ属	
	Scopolia ハシリドコロ属	
	Solanum ナス属	
	Tubocapsicum ハダカホオズキ属	
Buddlejaceae フジウツギ科	*Buddleja* フジウツギ属	Scrophulariaceae ゴマノハグサ科
Scrophulariaceae ゴマノハグサ科	*Centranthera* ゴマクサ属	Orobanchaceae ハマウツボ科
	Deinostema サワトウガラシ属	Plantaginaceae オオバコ科
	Dopatrium アブノメ属	
	Ellisiophyllum キクガラクサ属	
	Euphrasia コゴメグサ属	Orobanchaceae ハマウツボ科
	Gratiola カミガモソウ属	Plantaginaceae オオバコ科
	Lathraea ヤマウツボ属	Orobanchaceae ハマウツボ科

新エングラー科和名	属名	APG科和名
Scrophulariaceae ゴマノハグサ科	*Limnophila* シソクサ属	Plantaginaceae オオバコ科
	Limosella キタミソウ属	
	Linaria ウンラン属	
	Lindernia ウリクサ属	Linderniaceae アゼナ科
	Mazus サギゴケ属	Phrymaceae ハエドクソウ科
	Melampyrum ママコナ属	Orobanchaceae ハマウツボ科
	Microcarpaea スズメハコベ属	Plantaginaceae オオバコ科
	Mimulus ミゾホオズキ属	Phrymaceae ハエドクソウ科
	Monochasma クチナシグサ属	Orobanchaceae ハマウツボ科
	Pedicularis シオガマギク属	
	Pennellianthus イワブクロ属	Plantaginaceae オオバコ科
	Phtheirospermum コシオガマ属	Orobanchaceae ハマウツボ科
	Rehmannia センリゴマ属	
	Scrophularia ゴマノハグサ属	Scrophulariaceae ゴマノハグサ科
	Siphonostegia ヒキヨモギ属	Orobanchaceae ハマウツボ科
	Torenia ツルウリクサ属	Linderniaceae アゼナ科
	Veronica クワガタソウ属	Plantaginaceae オオバコ科
	Veronicastrum クガイソウ属	
Globulariaceae ウルップソウ科	*Lagotis* ウルップソウ属	
Bignoniaceae ノウゼンカズラ科	*Campsis* キササゲ属	Bignoniaceae ノウゼンカズラ科
Acanthaceae キツネノマゴ科	*Codonacanthus* アリモリソウ属	Acanthaceae キツネノマゴ科
	Dicliptera ハグロソウ属	

新エングラー科和名	属名	APG科和名
Acanthaceae キツネノマゴ科	*Hemigraphis* ミヤコジマソウ属	**Acanthaceae キツネノマゴ科**
	Hygrophila オギノツメ属	
	Justicia キツネノマゴ属	
	Lepidagathis ウロコマリ属	
	Peristrophe ハグロソウ属	
	Staurogyne シマサギゴケ属	
	Strobilanthes スズムシバナ属	
	Thunbergia ゲッケイカズラ属	
Pedaliaceae ゴマ科	***Trapella* ヒシモドキ属**	**Plantaginaceae オオバコ科**
Gesneriaceae イワタバコ科	*Aeschynanthus* ナガミカズラ属	**Gesneriaceae イワタバコ科**
	Conandron イワタバコ科	
	Cyrtandra ミズワビソウ属	
	Hemiboea ツノギリソウ属	
	Lysionotus シシンラン属	
	Opithandra イワギリソウ属	
	Rhynchotechum ヤマビワソウ属	
	Titanotrichum マツムラソウ属	
Orobanchaceae ハマウツボ科	*Aeginetia* ナンバンギセル属	**Orobanchaceae ハマウツボ科**
	Boschniakia オニク属	
	Orobanche ハマウツボ属	
	Phacellanthus キヨスミウツボ属	
Lentibulariaceae タヌキモ科	*Pinguicula* ムシトリスミレ属	**Lentibulariaceae タヌキモ科**

新エングラー科和名	属名	APG科和名
Lentibulariaceae タヌキモ科	*Utricularia* タヌキモ属	**Lentibulariaceae タヌキモ科**
Myoporaceae ハマジンチョウ科	***Myoporum* ハマジンチョウ属**	**Scrophulariaceae ゴマノハグサ科**
Plantaginaceae オオバコ科	*Plantago* オオバコ属	**Plantaginaceae オオバコ科**
Caprifoliaceae スイカズラ科	*Abelia* ツクバネウツギ属	**Caprifoliaceae スイカズラ科**
	Linnaea リンネソウ属	
	Lonicera スイカズラ属	
	Macrodiervilla ウコンウツギ属	
	***Sambucus* ニワトコ属**	**Viburnaceae ガマズミ科**
	Triosteum ツキヌキソウ属	**Caprifoliaceae スイカズラ科**
	***Viburnum* ガマズミ属**	**Viburnaceae ガマズミ科**
	Weigela タニウツギ属	**Caprifoliaceae スイカズラ科**
	Zabelia イワツクバネウツギ属	
Adoxaceae レンプクソウ科	***Adoxa* レンプクソウ属**	**Viburnaceae ガマズミ科**
Valerianaceae オミナエシ科	***Patrinia* オミナエシ属**	**Caprifoliaceae スイカズラ科**
	***Valeriana* カノコソウ属**	
Dipsacaceae マツムシソウ科	***Dipsacus* ナベナ属**	
	***Scabiosa* マツムシソウ属**	
Campanulaceae キキョウ科	*Adenophora* ツリガネニンジン属	**Campanulaceae キキョウ科**
	Asyneuma シデシャジン属	
	Campanula ホタルブクロ属	
	Codonopsis ツルニンジン属	
	Cyclocodon タンゲブ属	

新エングラー科和名	属名	APG科和名
Campanulaceae キキョウ科	*Lobelia* ミゾカクシ属	**Campanulaceae キキョウ科**
Campanulaceae キキョウ科	*Peracarpa* タニギキョウ属	**Campanulaceae キキョウ科**
Campanulaceae キキョウ科	*Platycodon* キキョウ属	**Campanulaceae キキョウ科**
Campanulaceae キキョウ科	*Wahlenbergia* ヒナギキョウ属	**Campanulaceae キキョウ科**
Goodeniaceae クサトベラ科	*Scaevola* クサトベラ属	**Goodeniaceae クサトベラ科**
Compositae キク科	*Achillea* ノコギリソウ属	**Asteraceae/Compositae キク科**
Compositae キク科	*Adenocaulon* ノブキ属	**Asteraceae/Compositae キク科**
Compositae キク科	*Adenostemma* ヌマダイコン属	**Asteraceae/Compositae キク科**
Compositae キク科	*Ainsliaea* モミジハグマ属	**Asteraceae/Compositae キク科**
Compositae キク科	*Anaphalis* ヤマハハコ属	**Asteraceae/Compositae キク科**
Compositae キク科	*Antennaria* エゾノチチコグサ属	**Asteraceae/Compositae キク科**
Compositae キク科	*Arnica* ウサギギク属	**Asteraceae/Compositae キク科**
Compositae キク科	*Artemisia* ヨモギ属	**Asteraceae/Compositae キク科**
Compositae キク科	*Aster* シオン属	**Asteraceae/Compositae キク科**
Compositae キク科	*Atractylodes* オケラ属	**Asteraceae/Compositae キク科**
Compositae キク科	*Bidens* センダングサ属	**Asteraceae/Compositae キク科**
Compositae キク科	*Blumea* ツルハグマ属	**Asteraceae/Compositae キク科**
Compositae キク科	*Carpesium* ガンクビソウ属	**Asteraceae/Compositae キク科**
Compositae キク科	*Centipeda* トキンソウ属	**Asteraceae/Compositae キク科**
Compositae キク科	*Chrysanthemum* キク属	**Asteraceae/Compositae キク科**
Compositae キク科	*Cirsium* アザミ属	**Asteraceae/Compositae キク科**
Compositae キク科	*Crepidiastrum* アゼトウナ属	**Asteraceae/Compositae キク科**
Compositae キク科	*Crepis* フタマタタンポポ属	**Asteraceae/Compositae キク科**
Compositae キク科	*Crossostephium* モクビャクコウ属	**Asteraceae/Compositae キク科**
Compositae キク科	*Cyanthillium* ムラサキムカシヨモギ属	**Asteraceae/Compositae キク科**
Compositae キク科	*Dendrocacalia* ワダンノキ属	**Asteraceae/Compositae キク科**
Compositae キク科	*Dichrocephala* ブクリョウサイ属	**Asteraceae/Compositae キク科**
Compositae キク科	*Echinops* ヒゴタイ属	**Asteraceae/Compositae キク科**
Compositae キク科	*Eclipta* タカサブロウ属	**Asteraceae/Compositae キク科**
Compositae キク科	*Emilia* ウスベニニガナ属	**Asteraceae/Compositae キク科**
Compositae キク科	*Erigeron* ムカシヨモギ属	**Asteraceae/Compositae キク科**
Compositae キク科	*Eschenbachia* イズハハコ属	**Asteraceae/Compositae キク科**
Compositae キク科	*Euchiton* チチコグサ属	**Asteraceae/Compositae キク科**
Compositae キク科	*Eupatorium* ヒヨドリバナ属	**Asteraceae/Compositae キク科**
Compositae キク科	*Farfugium* ツワブキ属	**Asteraceae/Compositae キク科**
Compositae キク科	*Gnaphalium* ヒメチチコグサ属	**Asteraceae/Compositae キク科**
Compositae キク科	*Hemisteptia* キツネアザミ属	**Asteraceae/Compositae キク科**
Compositae キク科	*Hieracium* ヤナギタンポポ属	**Asteraceae/Compositae キク科**
Compositae キク科	*Hololeion* スイラン属	**Asteraceae/Compositae キク科**
Compositae キク科	*Hypochaeris* エゾコウゾリナ属	**Asteraceae/Compositae キク科**
Compositae キク科	*Inula* オグルマ属	**Asteraceae/Compositae キク科**
Compositae キク科	*Ixeridium* ニガナ属	**Asteraceae/Compositae キク科**
Compositae キク科	*Ixeris* ノニガナ属	**Asteraceae/Compositae キク科**
Compositae キク科	*Lactuca* アキノノゲシ属	**Asteraceae/Compositae キク科**

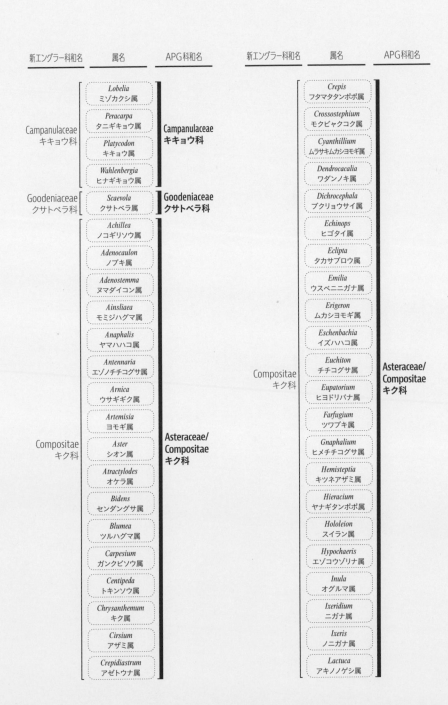

新エングラー科和名	属名	APG科和名
Compositae キク科	*Lagenophora* コケセンボンギク属	**Asteraceae/ Compositae キク科**
	Lapsanastrum ヤブタビラコ属	
	Leibnitzia センボンヤリ属	
	Leontopodium ウスユキソウ属	
	Leucanthemella ミコシギク属	
	Ligularia メタカラコウ属	
	Matricaria シカギク属	
	Melanthera キダチハマグルマ属	
	Miricacalia オオモミジガサ属	
	Myriactis ヒメキクタビラコ属	
	Nabalus フクオウソウ属	
	Nemosenecio サワギク属	
	Nipponanthemum ハマギク属	
	Paraprenanthes ムラサキニガナ属	
	Parasenecio コウモリソウ属	
	Pertya コウヤボウキ属	
	Petasites フキ属	
	Picris コウゾリナ属	
	Pseudognaphalium ハハコグサ属	
	Rhynchospermum シュウブンソウ属	
	Saussurea トウヒレン属	
	Scorzonera フタナミソウ属	
Compositae キク科	*Senecio* キオン属	**Asteraceae/ Compositae キク科**
	Serratula タムラソウ属	
	Sigesbeckia メナモミ属	
	Solenogyne コケタンポポ属	
	Solidago アキノキリンソウ属	
	Sonchus ノゲシ属	
	Sphagneticola アメリカハマグルマ属	
	Syneilesis ヤブレガサ属	
	Synurus ヤマボクチ属	
	Tanacetum ヨモギギク属	
	Taraxacum タンポポ属	
	Tephroseris コウリンカ属	
	Tripleurospermum シカギク属	
	Vernonia ショウジョウハグマ属	
	Xanthium オナモミ属	
	Youngia オニタビラコ属	
Alismataceae オモダカ科	*Alisma* サジオモダカ属	**Alismataceae オモダカ科**
	Caldesia マルバオモダカ属	
	Sagittaria オモダカ属	
Hydrocharitaceae トチカガミ科	*Blyxa* スブタ属	**Hydrocharitaceae トチカガミ科**
	Enhalus ウミショウブ属	
	Halophila ウミヒルモ属	

新エングラー科和名	属名	APG科和名
Hydrocharitaceae トチカガミ科	*Hydrilla* クロモ属	Hydrocharitaceae トチカガミ科
	Hydrocharis トチカガミ属	
	Ottelia ミズオオバコ属	
	Thalassia リュウキュウスガモ属	
	Vallisneria セキショウモ属	
Scheuchzeriaceae ホロムイソウ科	*Scheuchzeria* ホムロイソウ属	Scheuchzeriaceae ホロムイソウ科
Juncaginaceae シバナ科	*Triglochin* シバナ属	Juncaginaceae シバナ科
Potamogetonaceae ヒルムシロ科	*Cymodocea* ベニアマモ属	Cymodoceaceae ベニアマモ科
	Halodule ウミジグサ属	
	Phyllospadix スガモ属	Zosteraceae アマモ科
	Potamogeton ヒルムシロ属	Potamogetonaceae ヒルムシロ科
Zannicheliceae カワツルモ科	*Ruppia* カワツルモ属	Ruppiaceae カワツルモ科
	Syringodium ボウアマモ属	Cymodoceaceae ベニアマモ科
	Zannichellia イトクズモ属	Potamogetonaceae ヒルムシロ科
Zosteraceae アマモ科	*Zostera* アマモ属	Zosteraceae アマモ科
Najadaceae イバラモ科	*Najas* イバラモ属	Hydrocharitaceae トチカガミ科
Triuridaceae ホンゴウソウ科	*Sciaphila* ホンゴウソウ属	Triuridaceae ホンゴウソウ科
Liliaceae ユリ科	*Aletris* ソクシンラン属	Nartheciaceae キンコウカ科
	Allium ネギ属	Amaryllidaceae ヒガンバナ科
	Amana アマナ属	Liliaceae ユリ科
	Anticlea リシリソウ属	Melanthiaceae シュロソウ科
	Asparagus クサスギカズラ属	Asparagaceae クサスギカズラ科

新エングラー科和名	属名	APG科和名
Liliaceae ユリ科	*Barnardia* ツルボ属	Asparagaceae クサスギカズラ科
	Cardiocrinum ウバユリ属	Liliaceae ユリ科
	Chionographis シライトソウ属	Melanthiaceae シュロソウ科
	Clintonia ツバメオモト属	Liliaceae ユリ科
	Comospermum ケイビラン属	Asparagaceae クサスギカズラ科
	Convallaria スズラン属	
	Dianella キキョウラン属	Asphodelaceae ワスレグサ科
	Disporum チゴユリ属	Colchicaceae チゴユリ科
	Erythronium カタクリ属	Liliaceae ユリ科
	Fritillaria バイモ属	
	Gagea ヒメアマナ属	
	Helonias ショウジョウバカマ属	Melanthiaceae シュロソウ科
	Hemerocallis ワスレグサ属	Asphodelaceae ワスレグサ科
	Heterosmilax カラスバサンキライ属	Smilacaceae シオデ科
	Hosta ギボウシ属	Asparagaceae クサスギカズラ科
	Japonolirion オゼソウ属	Petrosaviaceae サクライソウ科
	Kinugasa キヌガサソウ属	Melanthiaceae シュロソウ科
	Lilium ユリ属	Liliaceae ユリ科
	Liriope ヤブラン属	Asparagaceae クサスギカズラ科
	Lloydia チシマアマナ属	Liliaceae ユリ科
	Maianthemum マイヅルソウ属	Asparagaceae クサスギカズラ科
	Metanarthecium ノギラン属	Nartheciaceae キンコウカ科

新エングラー科和名	属名	APG科和名
Liliaceae ユリ科	***Narthecium*** **キンコウカ属**	**Nartheciaceae キンコウカ科**
Liliaceae ユリ科	***Ophiopogon*** **ジャノヒゲ属**	**Asparagaceae クサスギカズラ科**
Liliaceae ユリ科	***Paris*** **ツクバネソウ属**	**Melanthiaceae シュロソウ科**
Liliaceae ユリ科	***Petrosavia*** **サクライソウ属**	**Petrosaviaceae サクライソウ科**
Liliaceae ユリ科	***Polygonatum*** **アマドコロ属**	**Asparagaceae クサスギカズラ科**
Liliaceae ユリ科	***Reineckea*** **キチジョウソウ属**	**Asparagaceae クサスギカズラ科**
Liliaceae ユリ科	***Rohdea*** **オモト属**	**Asparagaceae クサスギカズラ科**
Liliaceae ユリ科	***Smilax*** **シオデ属**	**Smilacaceae シオデ科**
Liliaceae ユリ科	*Streptopus* タケシマラン属	**Liliaceae ユリ科**
Liliaceae ユリ科	***Tofieldia*** **チシマゼキショウ属**	**Tofieldiaceae チシマゼキショウ科**
Liliaceae ユリ科	***Triantha*** **イワショウブ属**	**Tofieldiaceae チシマゼキショウ科**
Liliaceae ユリ科	*Tricyrtis* ホトトギス属	**Liliaceae ユリ科**
Liliaceae ユリ科	***Trillium*** **エンレイソウ属**	**Melanthiaceae シュロソウ科**
Liliaceae ユリ科	***Veratrum*** **シュロソウ属**	**Melanthiaceae シュロソウ科**
Stemonaceae ビャクブ科	*Croomia* ナベワリ属	**Stemonaceae ビャクブ科**
Amaryllidaceae ヒガンバナ科	*Crinum* ハマユウ属	**Amaryllidaceae ヒガンバナ科**
Amaryllidaceae ヒガンバナ科	*Lycoris* ヒガンバナ属	**Amaryllidaceae ヒガンバナ科**
Hypoxidaceae キンバイザサ科	*Curculigo* キンバイザサ属	**Hypoxidaceae キンバイザサ科**
Hypoxidaceae キンバイザサ科	*Hypoxis* コキンバイザサ属	**Hypoxidaceae キンバイザサ科**
Dioscoreaceae ヤマノイモ科	*Dioscorea* ヤマノイモ属	**Dioscoreaceae ヤマノイモ科**
Pontederiaceae ミズアオイ科	*Monochoria* ミズアオイ属	**Pontederiaceae ミズアオイ科**
Iridaceae アヤメ科	*Iris* アヤメ属	**Iridaceae アヤメ科**

新エングラー科和名	属名	APG科和名
Burmanniaceae ヒナノシャクジョウ科	*Burmannia* ヒナノシャクジョウ属	**Burmanniaceae ヒナノシャクジョウ科**
Burmanniaceae ヒナノシャクジョウ科	*Oxygyne* ヒナノボンボリ属	**Burmanniaceae ヒナノシャクジョウ科**
Burmanniaceae ヒナノシャクジョウ科	*Thismia* タヌキノショクダイ属	**Burmanniaceae ヒナノシャクジョウ科**
Philydraceae タヌキアヤメ科	*Philydrum* タヌキアヤメ属	**Philydraceae タヌキアヤメ科**
Juncaceae イグサ科	*Juncus* イグサ属	**Juncaceae イグサ科**
Juncaceae イグサ科	*Luzula* スズメノヤリ属	**Juncaceae イグサ科**
Commelinaceae ツユクサ科	*Amischotolype* ヤンバルミョウガ属	**Commelinaceae ツユクサ科**
Commelinaceae ツユクサ科	*Commelina* ツユクサ属	**Commelinaceae ツユクサ科**
Commelinaceae ツユクサ科	*Murdannia* イボクサ属	**Commelinaceae ツユクサ科**
Commelinaceae ツユクサ科	*Pollia* ヤブミョウガ属	**Commelinaceae ツユクサ科**
Commelinaceae ツユクサ科	*Streptolirion* アオイカズラ属	**Commelinaceae ツユクサ科**
Eriocaulaceae ホシクサ科	*Eriocaulon* ホシクサ属	**Eriocaulaceae ホシクサ科**
Eriocaulaceae ホシクサ科	*Paepalanthus* オクトネホシクサ属	**Eriocaulaceae ホシクサ科**
Flagellariaceae トウツルモドキ科	*Flagellaria* トウツルモドキ属	**Flagellariaceae トウツルモドキ科**
Gramineae イネ科	*Agrostis* ヌカボ属	**Poaceae/Gramineae イネ科**
Gramineae イネ科	*Alopecurus* スズメノテッポウ属	**Poaceae/Gramineae イネ科**
Gramineae イネ科	*Aniselytron* ヒロハノコヌカグサ属	**Poaceae/Gramineae イネ科**
Gramineae イネ科	*Anthoxanthum* ハルガヤ属	**Poaceae/Gramineae イネ科**
Gramineae イネ科	*Apluda* オキナワカルカヤ属	**Poaceae/Gramineae イネ科**
Gramineae イネ科	*Aristida* マツバシバ属	**Poaceae/Gramineae イネ科**
Gramineae イネ科	*Arthraxon* コブナグサ属	**Poaceae/Gramineae イネ科**
Gramineae イネ科	*Arundinella* トダシバ属	**Poaceae/Gramineae イネ科**

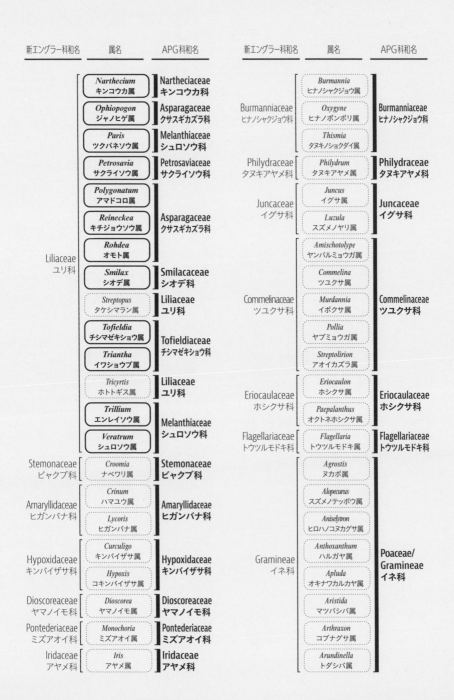

新エングラー科和名	属名	APG科和名
Gramineae イネ科	*Arundo* クロイワザサ属	**Poaceae/ Gramineae イネ科**
	Beckmannia カズノコグサ属	
	Bothriochloa カモノハシガヤ属	
	Brachyelytrum コウヤザサ属	
	Brachypodium ヤマカモジグサ属	
	Bromus スズメノチャヒキ属	
	Brylkinia ホガエリガヤ属	
	Calamagrostis ヤマアワ属	
	Capillipedium ヒメアブラススキ属	
	Chikusichloa ツクシガヤ属	
	Chloris オヒゲシバ属	
	Chrysopogon オキナワミチシバ属	
	Cinna フサガヤ属	
	Cleistogenes チョウセンガリヤス属	
	Coelachne ヒナザサ属	
	Cymbopogon オカルガヤ属	
	Cynodon ギョウギシバ属	
	Cyrtococcum ヒメチゴザサ属	
	Deschampsia ヒロハノコメススキ属	
	Digitaria メヒシバ属	
	Dimeria カリマタガヤ属	
	Echinochloa ヒエ属	

新エングラー科和名	属名	APG科和名
Gramineae イネ科	*Eleusine* オヒシバ属	**Poaceae/ Gramineae イネ科**
	Elymus エゾムギ属	
	Eragrostis カゼクサ属	
	Eriachne イゼナガヤ属	
	Eriochloa ナルコビエ属	
	Eulalia ウンヌケ属	
	Festuca ウシノケグサ属	
	Garnotia アオシバ属	
	Glyceria ドジョウツナギ属	
	Hackelochloa ヤエガヤ属	
	Hakonechloa ウラハグサ属	
	Helictotrichon ミサヤマチャヒキ属	
	Hemarthria ウシノシッペイ属	
	Heteropogon アカヒゲガヤ属	
	Hibanobambusa インヨウチク属	
	Hystrix アズマガヤ属	
	Ichnanthus タイワンササキビ属	
	Imperata チガヤ属	
	Isachne チゴザサ属	
	Ischaemum カモノハシ属	
	Koeleria ミノボロ属	
	Leersia サヤヌカグサ属	

新エングラー科和名	属名	APG科和名
Gramineae イネ科	*Leptochloa* アゼガヤ属	Poaceae/Gramineae イネ科
	Lepturus ハイシバ属	
	Leymus テンキグサ属	
	Lophatherum ササクサ属	
	Melica コメガヤ属	
	Microstegium アシボソ属	
	Milium イブキヌカボ属	
	Miscanthus ススキ属	
	Moliniopsis ヌマガヤ属	
	Muhlenbergia ネズミガヤ属	
	Neomolinia タツノヒゲ属	
	Oplismenus チヂミザサ属	
	Panicum キビ属	
	Paspalidium コゴメキビ属	
	Paspalum スズメノヒエ属	
	Pennisetum チカラシバ属	
	Phacelurus アイアシ属	
	Phaenosperma タキキビ属	
	Phalaris クサヨシ属	
	Phleum アワガエリ属	
	Phragmites ヨシ属	
	Piptatherum イネガヤ属	

新エングラー科和名	属名	APG科和名
Gramineae イネ科	*Pleioblastus* メダケ属	Poaceae/Gramineae イネ科
	Poa イチゴツナギ属	
	Pogonatherum イタチガヤ属	
	Polypogon ヒエガエリ属	
	Pseudoraphis ウキシバ属	
	Pseudosasa ヤダケ属	
	Puccinellia タチドジョウツナギ属	
	Saccharum サトウキビ属	
	Sacciolepis ヌメリグサ属	
	Sasa ササ属	
	Sasaella アズマザサ属	
	Schizachne フォーリーガヤ属	
	Schizachyrium ウシクサ属	
	Semiarundinaria ナリヒラダケ属	
	Setaria アワ属	
	Sorghum モロコシ属	
	Spinifex ツキイゲ属	
	Spodiopogon オオアブラススキ属	
	Sporobolus ネズミノオ属	
	Stipa ハネガヤ属	
	Thaumastochloa ヒメウシノシッペイ属	
	Themeda メカルガヤ属	

新エングラー科和名	属名	APG科和名
Gramineae イネ科	*Thuarea* メカルガヤ属	**Poaceae/Gramineae イネ科**
	Torreyochloa ハイドジョウツナギ属	
	Tripogon ネズミシバ属	
	Trisetum カニツリグサ属	
	Urochloa ニクキビモドキ属	
	Zizania マコモ属	
	Zoysia シバ属	
Palmae ヤシ科	*Arenga* クロツグ属	**Palmae ヤシ科**
	Clinostigma マガクチヤシ属	
	Livistona ビロウ属	
	Nypa ニッパヤシ属	
	Satakentia ヤエヤマヤシ属	
	Trachycarpus シュロ属	
Araceae サトイモ科	***Acorus* ショウブ属**	**Acoraceae ショウブ科**
	Alocasia クワズイモ属	**Araceae サトイモ科**
	Amorphophallus コンニャク属	
	Arisaema テンナンショウ属	
	Calla カイウ属	
	Epipremnum ハブカズラ属	
	Lysichiton ミズバショウ属	
	Pinellia ハンゲ属	
	Pothos ユズノハカズラ属	

新エングラー科和名	属名	APG科和名
Araceae サトイモ科	*Rhaphidophora* ヒメハブカズラ属	**Araceae サトイモ科**
	Symplocarpus ザゼンソウ属	
	Typhonium リュウキュウハンゲ属	
Lemnaceae ウキクサ科	***Landoltia* ヒメウキクサ属**	
	***Lemna* アオウキクサ属**	
	***Spirodela* ウキクサ属**	
	***Wolffia* ミジンコウキクサ属**	
Pandanaceae タコノキ科	*Freycinetia* ツルアダン属	**Pandanaceae タコノキ科**
	Pandanus タコノキ属	
Sparganiaceae ミクリ科	***Sparganium* ミクリ属**	**Typhaceae ガマ科**
Typhaceae ガマ科	*Typha* ガマ属	
Cyperaceae カヤツリグサ科	*Actinoscirpus* オクサンカクイ属	**Cyperaceae カヤツリグサ科**
	Bolboschoenus ウキヤガラ属	
	Bulbostylis ハタガヤ属	
	Carex スゲ属	
	Carpha イヌノグサ属	
	Cladium ヒトモトススキ属	
	Cyperus カヤツリグサ属	
	Diplacrum カガシラ属	
	Eleocharis ハリイ属	
	Eriophorum ワタスゲ属	
	Fimbristylis テンツキ属	

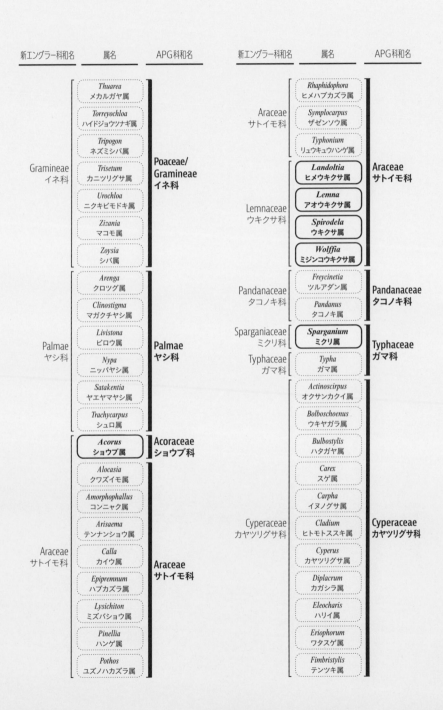

新エングラー科和名	属名	APG科和名
Cyperaceae カヤツリグサ科	*Fuirena* クロタマガヤツリ属	**Cyperaceae カヤツリグサ科**
	Gahnia クロガヤ属	
	Isolepis ビャッコイ属	
	Kobresia ヒゲハリスゲ属	
	Kyllinga ヒメクグ属	
	Lipocarpha ヒンジガヤツリ属	
	Machaerina ネビキグサ属	
	Remirea コウシュンスゲ属	
	Rhynchospora ミカヅキグサ属	
	Schoenoplectiella ホソガタホタルイ属	
	Schoenoplectus フトイ属	
	Schoenus ノグサ属	
	Scirpus アブラガヤ属	
	Scleria シンジュガヤ属	
	Trichophorum ヒメワタスゲ属	
Zingiberaceae ショウガ科	*Alpinia* ハナミョウガ属	**Zingiberaceae ショウガ科**
Orchidaceae ラン科	*Acanthephippium* エンレイショウキラン属	**Orchidaceae ラン科**
	Amitostigma ヒナラン属	
	Androcorys ミスズラン属	
	Anoectochilus キバナシュスラン属	
	Aphyllorchis タネガシマムヨウラン属	
	Apostasia ヤクシマラン属	

新エングラー科和名	属名	APG科和名
Orchidaceae ラン科	*Arachnis* ジンヤクラン属	**Orchidaceae ラン科**
	Arundina ナリヤラン属	
	Bletilla シラン属	
	Bulbophyllum マメヅラタラン属	
	Calanthe エビネ属	
	Calypso ホテイラン属	
	Cephalanthera キンラン属	
	Cephalantheropsis トクサラン属	
	Chamaegastrodia ヒメノヤガラ属	
	Cheirostylis カイロラン属	
	Chondradenia オノエラン属	
	Conchidium オサラン属	
	Corymborkis バイケイラン属	
	Cremastra サイハイラン属	
	Crepidium オキナワヒメラン属	
	Cryptostylis オオスズムシラン属	
	Cymbidium シュンラン属	
	Cypripedium アツモリソウ属	
	Cyrtosia ツチアケビ属	
	Dactylorhiza ハクサンチドリ属	
	Dactylostalix イチヨウラン属	
	Dendrobium セッコク属	

新エングラー科和名	属名	APG科和名
Orchidaceae ラン科	*Didymoplexiella* コカゲラン属	**Orchidaceae ラン科**
	Didymoplexis ヒメヤツシロラン属	
	Dienia ホザキヒメラン属	
	Diploprora サガリラン属	
	Disperis ジョウロウラン属	
	Eleorchis サワラン属	
	Ephippianthus コイチヨウラン属	
	Epipactis カキラン属	
	Epipogium トラキチラン属	
	Eria オオオサラン属	
	Erythrodes ホソフデラン属	
	Erythrorchis タカツルラン属	
	Eulophia イモネヤガラ属	
	Galearis カモメラン属	
	Gastrochilus カシノキラン属	
	Gastrodia オニノヤガラ属	
	Geodorum トサカメオトラン属	
	Goodyera シュスラン属	
	Gymnadenia テガタチドリ属	
	Habenaria ミズトンボ属	
	Hancockia ヒメクリソラン属	
	Haraella ニオイラン属	

新エングラー科和名	属名	APG科和名
Orchidaceae ラン科	*Herminium* ムカゴソウ属	**Orchidaceae ラン科**
	Hetaeria オオカゲロウラン属	
	Kuhlhasseltia ハクウンラン属	
	Lecanorchis ムヨウラン属	
	Liparis クモキリソウ属	
	Luisia ボウラン属	
	Macodes ナンバンカゴメラン属	
	Malaxis ホザキイチヨウラン属	
	Microtis ニラバラン属	
	Myrmechis アリドオシラン属	
	Neofinetia フウラン属	
	Neolindleya ノビネチドリ属	
	Neottia サカネラン属	
	Neottianthe ミヤマモジズリ属	
	Nervilia ムカゴサイシン属	
	Oberonia ヨウラクラン属	
	Odontochilus イナバラン属	
	Oreorchis コケイラン属	
	Pecteilis サギソウ属	
	Pelatantheria ムカデラン属	
	Peristylus ムカゴトンボ属	
	Phaius ガンゼキラン属	

新エングラー科和名	属名	APG科和名
Orchidaceae ラン科	*Pinalia* リュウキュウセッコク属	**Orchidaceae** **ラン科**
	Platanthera ツレサギソウ属	
	Pogonia トキソウ属	
	Ponerorchis ウチョウラン属	
	Pristiglottis ヒメシラヒゲラン属	
	Rhomboda ヤクシマアカシュスラン属	
	Sedirea ナゴラン属	
	Spathoglottis コウトウシラン属	
	Spiranthes ネジバナ属	
	Staurochilus ニュウメンラン属	
	Stereosandra イリオモテムヨウラン属	
	Stigmatodactylus コオロギラン属	
	Taeniophyllum クモラン属	
	Tainia ヒメトケンラン属	
	Thrixspermum カヤラン属	
	Tipularia ヒトツボクロ属	
	Tropidia ネッタイラン属	
	Vanda ヒスイラン属	
	Vrydagzynea ミソボシラン属	
	Yoania ショウキラン属	
	Zeuxine キヌラン属	

写真をご提供いただいた以下のみなさまにお礼申し上げます（敬称略）。
厚井聡（p.110），末次健司（p.36, 91），長谷部光泰（p.130, 133），
細川健太郎（p.71），柳原康希（p.51），Yayan Wahyu（p. 106, 111）
その他の写真は，伊藤元己（p.38, 51, 122, 125, 136）と井鷺裕司が撮影した。

新《あたら》しい植物《しょくぶつ》分類《ぶんるい》体系《たいけい》

APG でみる日本《にほん》の植物《しょくぶつ》

2018 年 6 月 30 日　初版第 1 刷発行
2024 年 2 月 4 日　初版第 4 刷発行

伊藤元己《いとうもとみ》・井鷺裕司《いさぎゆうじ》　著

ブックデザイン：辻中浩一　吉田帆波（ウフ）
発行者：斉藤 博
発行所：株式会社　文一総合出版
〒 162-0812 東京都新宿区西五軒町 2-5
電話：03-3235-7341
ファクシミリ：03-3269-1402
郵便振替：00120-5-42149
印刷・製本：奥村印刷株式会社

乱丁，落丁はお取り替えいたします。
ISBN978-4-8299-6530-6　Printed in Japan
NDC471　148 × 210 mm　176 ページ